住房和城乡建设部"十四五"规划教材

高等职业教育土建施工类专业 BIM 系列教材

BIM 施工应用

陈园卿　主　编
周海娜　副主编
金　睿　主　审

中国建筑工业出版社

图书在版编目（CIP）数据

BIM 施工应用 / 陈园卿主编；周海娜副主编. — 北京：中国建筑工业出版社，2023.11

住房和城乡建设部"十四五"规划教材　高等职业教育土建施工类专业 BIM 系列教材

ISBN 978-7-112-29175-5

Ⅰ. ①B… Ⅱ. ①陈… ②周… Ⅲ. ①建筑工程-施工管理-应用软件-高等职业教育-教材　Ⅳ. ①TU71-39

中国国家版本馆 CIP 数据核字（2023）第 180907 号

全书主体由四个学习情境组成，学习情境一主要介绍 BIM 脚手架工程设计软件的模型创建、参数设置、架体布置和成果生成等功能操作步骤。学习情境二主要介绍 BIM 模板工程设计软件的模型创建、参数设置、架体布置和成果生成。学习情境三主要介绍 BIM 施工策划软件的工程向导设置、CAD 转化、构件布置编辑、装配式布置和施工模拟的操作步骤和相关知识。学习情境四主要介绍 HiBIM 软件的土建出量和深化设计的操作思路和操作步骤。

本书可作为高等职业院校建筑设计、城乡规划和管理、土建施工、建设工程管理、建筑设备等相关专业的教材使用。

责任编辑：李天虹　李　阳
责任校对：张　颖
校对整理：赵　菲

住房和城乡建设部"十四五"规划教材
高等职业教育土建施工类专业 BIM 系列教材
BIM 施工应用
陈园卿　主　编
周海娜　副主编
金　睿　主　审

*

中国建筑工业出版社出版、发行(北京海淀三里河路 9 号)
各地新华书店、建筑书店经销
北京鸿文瀚海文化传媒有限公司制版
北京圣夫亚美印刷有限公司印刷

*

开本：787 毫米×1092 毫米　1/16　印张：13½　字数：321 千字
2023 年 11 月第一版　　2023 年 11 月第一次印刷
定价：43.00 元（赠教师课件、附活页册）
ISBN 978-7-112-29175-5
（41890）

出版说明

党和国家高度重视教材建设。2016 年，中办国办印发了《关于加强和改进新形势下大中小学教材建设的意见》，提出要健全国家教材制度。2019 年 12 月，教育部牵头制定了《普通高等学校教材管理办法》和《职业院校教材管理办法》，旨在全面加强党的领导，切实提高教材建设的科学化水平，打造精品教材。住房和城乡建设部历来重视土建类学科专业教材建设，从"九五"开始组织部级规划教材立项工作，经过近 30 年的不断建设，规划教材提升了住房和城乡建设行业教材质量和认可度，出版了一系列精品教材，有效促进了行业部门引导专业教育，推动了行业高质量发展。

为进一步加强高等教育、职业教育住房和城乡建设领域学科专业教材建设工作，提高住房和城乡建设行业人才培养质量，2020 年 12 月，住房和城乡建设部办公厅印发《关于申报高等教育职业教育住房和城乡建设领域学科专业"十四五"规划教材的通知》（建办人函〔2020〕656 号），开展了住房和城乡建设部"十四五"规划教材选题的申报工作。经过专家评审和部人事司审核，512 项选题列入住房和城乡建设领域学科专业"十四五"规划教材（简称规划教材）。2021 年 9 月，住房和城乡建设部印发了《高等教育职业教育住房和城乡建设领域学科专业"十四五"规划教材选题的通知》（建人函〔2021〕36 号）。为做好"十四五"规划教材的编写、审核、出版等工作，《通知》要求：（1）规划教材的编著者应依据《住房和城乡建设领域学科专业"十四五"规划教材申请书》（简称《申请书》）中的立项目标、申报依据、工作安排及进度，按时编写出高质量的教材；（2）规划教材编著者所在单位应履行《申请书》中的学校保证计划实施的主要条件，支持编著者按计划完成书稿编写工作；（3）高等学校土建类专业课程教材与教学资源专家委员会、全国住房和城乡建设职业教育教学指导委员会、住房和城乡建设部中等职业教育专业指导委员会应做好规划教材的指导、协调和审稿等工作，保证编写质量；（4）规划教材出版单位应积极配合，做好编辑、出版、发行等工作；（5）规划教材封面和书脊应标注"住房和城乡建设部'十四五'规划教材"字样和统一标识；（6）规划教材应在"十四五"期间完成出版，逾期不能完成的，不再作为《住房和城乡建设领域学科专业"十四五"规划教材》。

住房和城乡建设领域学科专业"十四五"规划教材的特点，一是重点以修订教育部、住房和城乡建设部"十二五""十三五"规划教材为主；二是严格按照专业标准规范要求编写，体现新发展理念；三是系列教材具有明显特点，满足不同层次和类型的学校专业教学要求；四是配备了数字资源，适应现代化教学的要求。规划教材的出版凝聚了作者、主审及编辑的心血，得到了有关院校、出版单位的大力支持，教材建设管理过程有严格保障。希望广大院校及各专业师生在选用、使用过程中，对规划教材的编写、出版质量进行反馈，以促进规划教材建设质量不断提高。

住房和城乡建设部"十四五"规划教材办公室
2021 年 11 月

前　言

建筑业是国民经济的支柱产业，随着劳动力成本的不断提升和建造技术的不断发展，传统的建造模式亟待突破和升级。BIM 技术作为建筑业现代化和信息化改革的核心技术，近年来蓬勃发展。随着国家"十四五"规划有关"加快数字化发展，建设数字中国"的战略部署，建筑业对信息化的发展愈加重视，对作为数据载体的 BIM 技术加大了推广力度。BIM 技术的价值逐渐被广泛认可和接受，BIM 技术作为提升工程项目管理水平的核心竞争力技术之一，对当前的建筑业发展起到了极其重要的作用。

运用 BIM 相关软件绘制施工总面图和编制专项施工方案是土建施工类专业学生应用BIM 技术在建筑施工过程实施"可视化工程管理"必须具备的重要专业能力之一。在校期间，通过 BIM 脚手架工程设计软件、BIM 模板工程设计软件、BIM 施工策划软件、HiBIM 软件及工程实例为载体进行软件应用能力训练，实现应用 BIM 技术编制脚手架工程、模板工程专项施工方案，形象展示施工模拟进度，并可进一步验证、巩固、深化所学的专业理论知识和实践技能。

《BIM 施工应用》为住房和城乡建设部"十四五"规划教材，同系列教材还包括《BIM 基础与实务》《BIM 设备应用》《BIM 土建综合实务》《BIM 设备综合实务》《BIM 施工综合实务》等。

本教材采用真实工程案例为背景，案例选取主要考虑建筑物的高度、外观特征和难易程度，能够满足 BIM 施工应用相关软件对初学者的基础训练和能力提升要求。

教材内容主要包含四个学习情境，BIM 脚手架工程设计软件应用主要包括模型创建、参数设置、架体布置和成果生成；BIM 模板工程设计软件应用主要包括含模型创建、参数设置、模架布置和成果生成；BIM 施工策划软件应用主要包括工程向导设置、CAD 转化、构件布置编辑、装配式布置和施工模拟；HiBIM 软件应用主要包括土建出量和深化设计。

教材采用教学活页的形式为每个任务提供习题，并给出四个学习情境的训练任务，同时教材中也提供了教学 PPT 和微课等二维码，以多种媒体形式给学习者呈现教学内容，帮助学生掌握各 BIM 施工软件应用的基本技能。

本书学习情境一中任务1、任务2、任务3由陈园卿负责编写，任务4由曹志毅负责编写；学习情境二各任务由刘彬负责编写；学习情境三中任务1、任务2由刘松鑫负责编写，任务3、任务4、任务5由张廷瑞负责编写；学习情境四中任务1由广东建筑职业技术学院周海娜负责编写，任务2由品茗科技股份有限公司盛世琦、叶薇婷负责编写。教材由浙江省建设投资集团副总工程师、科技信息部部长、工程研究总院院长金睿正高级工程师主持审核。

在本书编写过程中得到了浙江省建设投资集团工程研究总院、浙江省建工集团有限责任公司、城市建设技术集团（浙江）有限公司、天宏建筑科技集团有限公司等一线行业企业不少专家的技术支持，特此感谢。由于编者水平有限，本书不足之处在所难免，敬请读者批评指正。

| 目　录 |

概　述

　　2011 年 5 月 10 日，住房和城乡建设部印发的《2011—2015 年建筑业信息化发展纲要》中明确指出：在施工阶段开展 BIM 技术的研究与应用，推进 BIM 技术从设计阶段向施工阶段的应用延伸，实现对建筑工程有效的可视化管理。自 2011 年以来，在建筑业管理部门推动和建筑施工企业内部需求双重作用下，BIM 技术的施工相关软件应用已经从高端走向普及，成为建筑土木类院校学生必须掌握的技能之一。

　　1. BIM 技术在施工中的应用现状

　　(1) BIM 技术在投标阶段的应用

　　BIM 技术具有可视性、协调性、模拟性、优化性和可出图性等优点，国内越来越多省份投标要求中明确需要应用 BIM 和 BIM 技术进行投标。对于投标方，在技术标中插入精美的图表、三维的图形及与工程特点匹配的技术参数，可以更好地展示技术方案，提高中标的机会。

　　(2) BIM 技术在施工阶段的应用

　　BIM 技术在施工阶段的应用主要包括基于 BIM 的深化设计、基于 BIM 的施工方案模拟、基于 BIM 的质量安全管理、基于 BIM 的施工进度管理、基于 BIM 的工程造价管理及云平台管理等。

　　1) 深化设计在施工阶段的应用

　　利用 BIM 技术可进行各专业深化设计，如混凝土、钢结构、机电、装饰装修、幕墙工程等。

　　混凝土深化设计是以数字化三维技术构建建筑信息模型，以三维形式展现建筑结构细部真实情况，用实体详图表达钢筋、钢筋尺寸和定位、钢筋位置冲突的避让等；可使隐蔽工程可视化，可身临其境感受建筑结构信息；可直接进行各类混凝土等级、各类钢筋的算量，满足实时变更的工程需要。

　　2) 基于 BIM 的施工方案模拟

　　以 BIM 施工策划软件为代表的虚拟施工技术利用虚拟现实技术构造一个虚拟施工环境，在虚拟环境中建立周围场景、建筑结构构件及机械设备等三维模型，形成基于计算机的具有一定功能的仿真系统，让系统中的模型具有动态性能，并对系统中的模型进行虚拟装配，根据虚拟装配结构，在人机交互的可视化环境中对施工方案进行修改，以达到最佳施工方案。

　　基于 BIM 的施工方案模拟可以实现在不消耗现实材料资源和能量的前提下，给设计方、施工方和项目业主方选择最佳施工方案提供技术可能。工程施工方案中的一些特殊或重点部位的施工工艺很难被表达清楚，利用 BIM 的可视化，可以很方便地模拟施工方案的整体实施情况和重点工况；在成品保护及吊装空间上难度较大部位，利用 BIM 的三维动态模拟功能，对整个吊装过程进行吊装前模拟，可以避免意外的发生。

　　模板工程和脚手架工程在现浇钢筋混凝土结构施工中是不可缺少的关键技术，BIM 脚手架工程设计软件和 BIM 模板工程设计软件为施工阶段混凝土深化设计提供了技术支撑。

3）基于 BIM 的工程施工现场管理

在施工阶段通过 BIM 技术的引入推动工程施工现场管理，主要是基于 BIM 技术的质量管理、进度管理、工程造价管理及安全管理等。

项目质量控制是项目质量管理的核心，进行项目质量控制需应用不同的项目质量控制方法。BIM 技术从施工阶段主要的技术交底、质量控制点的设置、施工机械性能及工作状态的控制、材料控制、施工工序质量控制等因素进行全方位、全过程、集成化的质量控制。

BIM 为工程管理施工进度管理提供了一个直观的信息共享和业务协作平台。基于 BIM 的工程项目施工进度管理将业主和相关利益主体的需求信息集成于 BIM 模型成果中，施工总包单位进行工程分解、进度计划编制、实际进度跟踪记录、进度分析及纠偏等工作。

BIM 是五维关联数据模型（几何模型 3D＋时间进度模型 4D＋成本造价模型 5D）。建立建筑信息模型后，可以实现协同设计、碰撞检查、虚拟施工和智能化管理等全过程可视化，可以精确测量实物量从而进行成本控制。BIM5D 软件应用可真正形成施工企业资源管理和项目管理一体化格局，对降低企业运营成本及项目成本具有深远意义。

（3）BIM 技术在竣工阶段的应用

基于 BIM 的项目竣工验收是在工程项目管理实时信息下，项目各参与方均需根据施工现场的实际情况将工程信息实时录入 BIM 模型中，并且信息录入人员需对各自录入的数据进行检查并负责。在施工过程中，分部分项工程的质量验收资料、工程洽商、设计变更文件等都以数据的形式存储并关联到 BIM 模型中。竣工验收时，信息提供方须根据交付规定对工程信息进行过滤筛选。

2. BIM 施工应用能力目标

本教材主要设计了四个学习情境，包括 BIM 脚手架工程设计软件、BIM 模板工程设计软件、BIM 施工策划软件及 HiBIM 软件的应用。BIM 施工应用能力总目标见表 0-1。

（1）BIM 脚手架工程设计软件

BIM 脚手架工程设计软件是一款基于 BIM 应用打造的实用型建筑外脚手架工程设计辅助工具。软件功能全面，提供了智能计算布置、智能优化搭设方案、精确计算材料用量等功能，软件便捷高效，支持可视化完美呈现设计成果，一键输出施工图纸。

BIM 脚手架工程设计软件创新研发"三线"布置脚手架技术，实现一键生成落地式脚手架、悬挑脚手架、悬挑架工字钢，并且可生成脚手架成本估算、脚手架方案论证、方案编制及漫游视频等。

（2）BIM 模板工程设计软件

BIM 模板工程设计软件是一款针对现浇混凝土结构的模板工程设计软件，可以满足方案可视化审核、模板成本估算、高支模方案论证、智能布置、参照布置、手动布置、方案优化和材料统计等功能，是国内首款基于 BIM 的模板工程设计软件。

（3）BIM 施工策划软件

BIM 施工策划软件是基于 AutoCAD 研发的，操作简单，符合目前技术人员常用的 CAD 软件绘制平面布置图习惯。软件内置了大量的施工生产设施、临时板房、塔吊、施工电梯等构件的二维图例和三维模型，可通过建筑总平面图识别转化以及构件布置快速完成平面图绘制并根据需要生成多种平面布置图，同时可直接查看三维平面布置图，生成施工模拟动画。

（4）HiBIM 软件

HiBIM 是基于 Revit 平台，针对国内用户使用习惯打造的 BIM 应用引擎。类 CAD 的操作方式简化了 Revit 的操作难度，并充分利用了 Revit 平台自身的三维建模精度和可扩展性，为后期模型复用提供更逼真的可视化效果，并有效地避免了重复建模，实现了"一模多用"，是 BIM 应用的入门级产品。

BIM 施工应用能力总目标 表 0-1

专项能力	能力要素	
BIM 施工应用基本能力	BIM 脚手架工程设计软件应用	模型创建
		参数设置
		架体布置
		成果生成
	BIM 模板工程设计软件应用	模型创建
		参数设置
		模架布置
		成果生成
	BIM 施工策划软件应用	工程向导设置
		CAD 转化
		构件布置编辑
		装配式布置
		施工模拟
	HiBIM 软件应用	土建出量
		深化设计
BIM 施工应用基础能力	能在具备 BIM 初级应用能力基础上，用 BIM 相关软件完成简单项目的施工应用	

学习情境一　BIM 脚手架工程设计软件应用

学习情境一学生资源　　　学习情境一教师资源

 概念导入

1. 操作界面

成功运行软件进入 AutoCAD 平台，再打开 BIM 脚手架工程设计软件，显示软件的操作界面，如图 1.0-1 所示。

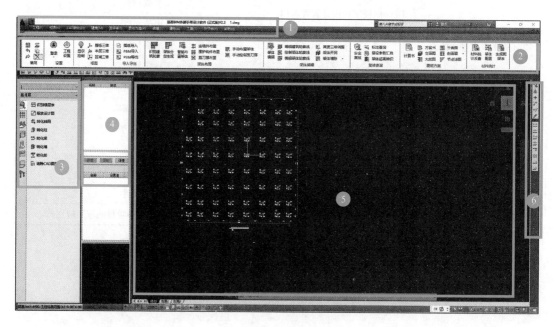

图 1.0-1　软件操作界面

① **菜单区**：软件的菜单栏，包括一些基本的操作功能、软件平台、资讯及部分命令。

② **架体编辑区**：脚手架工程设计软件主要操作功能区，列出了脚手架布设、成果输出等操作功能命令。

③ **模型创建功能区**：三维模型创建功能区，包括图纸转化、手动建模等各项功能命令。

④ **属性区**：显示各构件的属性和截面。注意双击属性区下侧的黑色截面图，可以改变部分构件的截面。

⑤ **视图区**：显示软件操作模型的二维、三维模型和脚手架的布设等区域。

⑥ **快捷命令区**：一些常用的命令按钮，可以根据需要设置。

软件操作流程

2. 工作流程

软件操作由模型创建、参数设置、脚手架布置、成果生成四个任务组成，如图 1.0-2 所示。

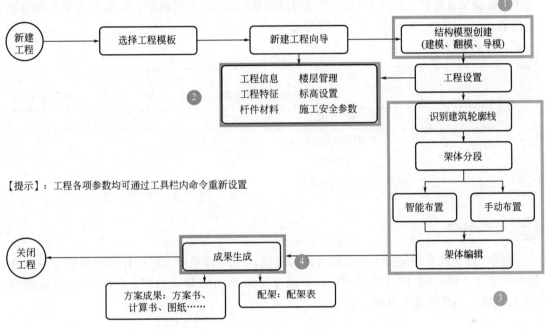

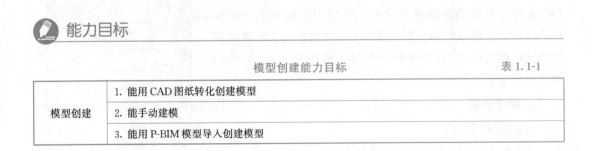

图 1.0-2　BIM 脚手架工程设计软件工作流程

任务 1　模型创建

能力目标

	模型创建能力目标	表 1.1-1
	1. 能用 CAD 图纸转化创建模型	
模型创建	2. 能手动建模	
	3. 能用 P-BIM 模型导入创建模型	

概念导入

1. 模型创建

创建模型是指基于 BIM 脚手架工程设计软件创建可视性的三维模型。BIM 脚手架工程设计软件有三种创建模型的方式，即 CAD 图纸转化建模、手动建模和 P-BIM 导入建模。外脚手架工程布设主要关注建筑物外围的建筑轮廓、层高、总高及突出屋面的一些构件信息等。

2. P-BIM 模型

P-BIM 是基于工程实践的建筑信息模型（BIM）实施方式（Engineering practice-based BIM implementation）。P-BIM 模型是软件公司为了实现一模多用和多软件数据互导创建的模型交互格式。采用 P-BIM 模型可以快速创建 3D 土建模型，实现不同专业间的数据共享。

子任务清单

模型创建子任务清单   表 1.1-2

序号	子任务项目	备注
1	CAD 图纸转化建模	
2	手动建模	
3	P-BIM 导入建模	

任务分析

创建 3D 土建模型是脚手架工程设计的前提，BIM 脚手架工程设计软件提供三种创建模型的方式，即 CAD 图纸转化建模、手动建模和 P-BIM 导入建模。CAD 图纸转化建模（又称翻模）是目前最常见的方法。

1.1 CAD 图纸转化建模

1. 功能

CAD 图纸转化建模是快速将二维设计图纸转换为三维模型的技术，可降低建模的成本和时间。利用 BIM 脚手架工程设计软件左侧的**图纸转化**选项卡，经过识别楼层表和轴网、柱、墙、梁、板等与脚手架工程有关构件的识别和转换过程，可将工程项目的 CAD 图纸转化为满足脚手架工程设计要求的三维模型。

2. 操作步骤

（1）识别楼层表

第 1 步：在同一版本 CAD 软件中，复制 CAD 图纸的楼层表到 BIM 脚手架工程设计软件的视图区。点击**图纸转化**①，见图 1.1-1。

第 2 步：点击**识别楼层表**②选项，再框选视图区的楼层表，出现识别后的楼层表，见图 1.1-2。

图 1.1-1 创建模型功能区

第 **3** 步：整理楼层表。调整层号、楼地面标高、层高、柱墙和梁板混凝土强度等级信息③，完成后点**确定**④。

第 **4** 步：核对楼层信息。在**工程设置**中的**楼层管理**，检查工程项目的楼层信息是否与项目相符。

识别楼层表

图 1.1-2　识别整理后的楼层表

（2）转化轴网

第 **1** 步：选定要操作的标准层①，这里从第 1 层开始。将 CAD 图纸中的一层柱网平面布置图复制至视图区，见图 1.1-3。

第 **2** 步：点击**转化轴网**②，出现**识别轴网**对话框。

第 **3** 步：**提取轴符层**③，在视图区选中轴号、轴距标注所在图层；**提取轴线层**④，在视图区选中轴线层。选中后如有遗漏，可再次提取，直到相应图层完全不见。

第 **4** 步：点击**转化**⑤，完成模型的轴网建立，并可应用到其他楼层。

（3）转化柱

第 **1** 步：在已转化轴网一层平面布置图上，选定要操作的标准层，一般从第 1 层开始①。

第 **2** 步：点击**转化柱**②，出现**识别柱**对话框，见图 1.1-4。

第 **3** 步：在**识别柱**对话框中**设置识别符**③，以便提取图纸中对应信息。

第 **4** 步：**提取标注层**④，在视图区选中包括柱编号、柱定位标注所在图层。

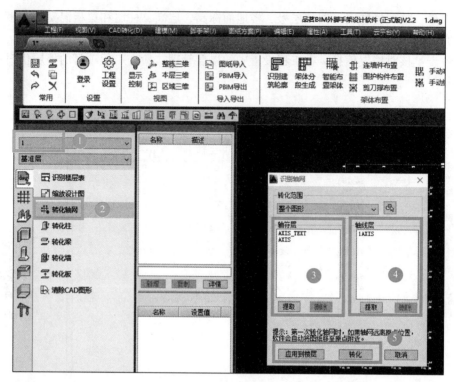

图 1.1-3　转化轴网

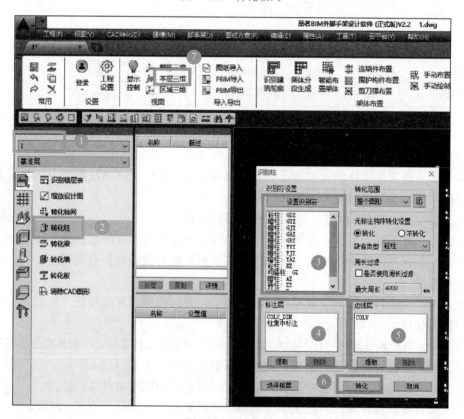

图 1.1-4　转化柱

第5步：**提取边线层**⑤，在视图区选中柱截面外框线层。选中后如有遗漏，可再次提取，直到相应图层完全不见。

第6步：点击**转化**⑥，完成模型的1层柱转化。

第7步：通过本层三维显示检查模型，见图1.1-5（有些版本软件轴线不可视）。

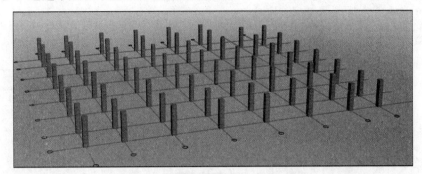

图1.1-5 轴网和柱转化后的三维图

（4）转化墙

第1步：将剪力墙平面布置图带基点复制至本软件视图区，选定要操作的标准层①。

第2步：点击**转化墙**②，出现识别墙及门窗洞对话框。

第3步：点击**墙转化设置**中添加③，识别图纸中墙边线信息。首先，在图1.1-6中④处将软件提供的墙厚信息全部添加；再检查图纸中是否有其他墙厚尺寸，如有遗漏可输入添加或者从图中量取；在⑤处**提取墙**的**边线层**，观察图纸直至边线层全部提取。

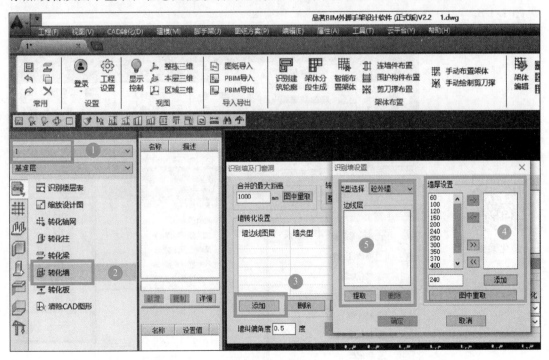

图1.1-6 转化墙

第4步：右键点击对话框，见图1.1-7，**提取墙名称标注层**⑥，观察图纸直至墙名称全部提取。

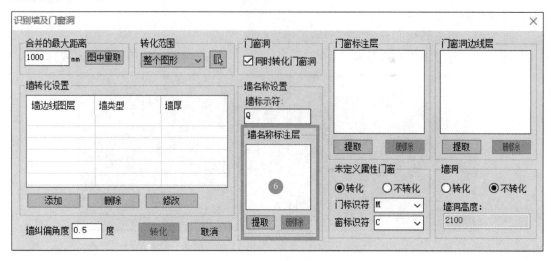

图 1.1-7　提取墙名称图层

第 5 步：完成转化，并通过三维效果进行检查。

（5）转化梁

第 1 步：从第 1 层开始，创建该层**顶部**的梁，需将"二层梁平法施工图"带基点复制至软件视图区。

第 2 步：为方便捕捉轴线交点，点击**视图**①，**显示控制**②中构件显示③关闭柱体④，见图 1.1-8。

转化梁板

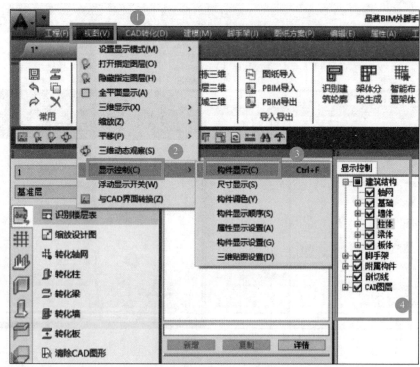

图 1.1-8　视图显示控制

第3步：点击**转化梁**①，出现**梁识别**对话框，见图1.1-9，设置梁识别符②，以便提取图纸中对应信息，见图1.1-10。

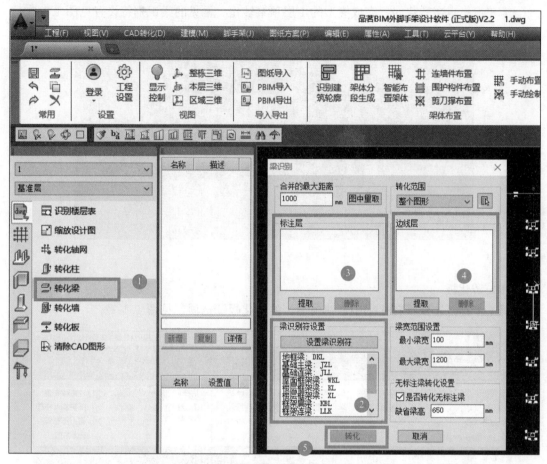

图1.1-9 转化梁

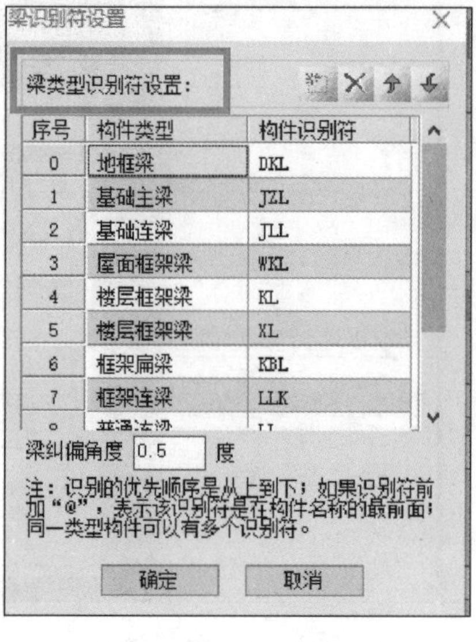

图1.1-10 梁识别符设置

第4步: 提取标注层③，在视图区选中集中标注和原位标注所在图层；**提取边线层**④，在视图区选中梁线层。选中后如有遗漏，可再次提取，直到相应图层完全不见。

第5步: 点击**转化**⑤，完成模型的1层顶梁转化。常见的梁识别符设置见图1.1-10。

第6步: 恢复柱层显示，清除CAD图形，通过本层三维图检查模型，见图1.1-11。

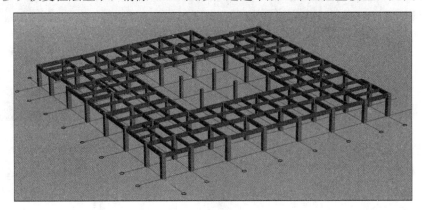

图1.1-11 转化梁后的本层三维图

(6) 转化板

第1步: 点击**图纸转化**①中创建模型区的**转化板**②选项，见图1.1-12。

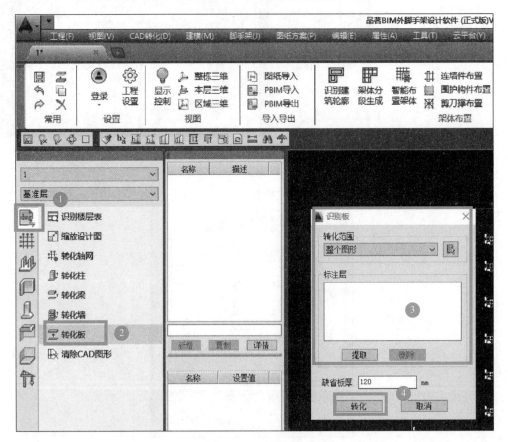

图1.1-12 转化板

第2步：**提取**板的**标注层**③，选择板转化范围、提取标注层信息、选择板厚等信息。

第3步：点击**转化**④完成。

第4步：根据图纸修改板的信息，如降板信息，并删去楼梯间、电梯间等位置的板。显示本层三维图，图1.1-13是一层柱梁板转化后的三维图。

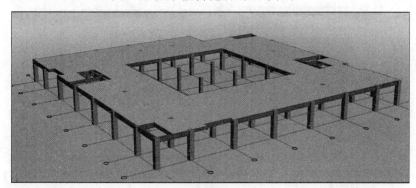

图 1.1-13　一层柱梁板转化后的三维图

（7）复制楼层

对于标准楼层，可以采用楼层复制选项进行多个楼层的模型创建。

第1步：选择菜单栏的**工程**①选项，选择**楼层复制**②，弹出**楼层复制**选项卡③，见图1.1-14。

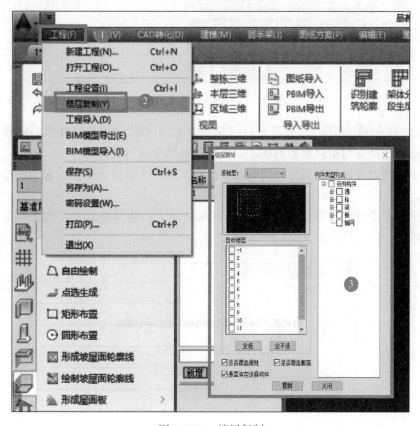

图 1.1-14　楼层复制

第2步：在楼层复制选项卡中选择复制**源楼层**①，见图1.1-15，本例中是指已经完成转化的一层。

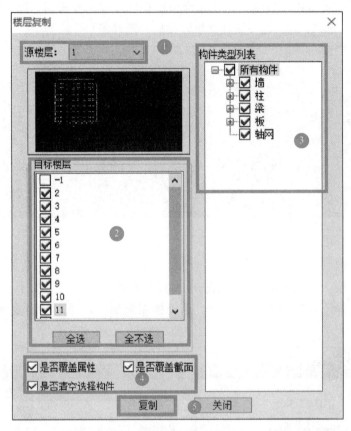

图1.1-15　楼层复制选项卡

第3步：选择**目标楼层**②。如果2~11层都是标准层，可以选择除屋顶层以外的所有楼层。

第4步：选择复制**构件类型列表**③，根据项目情况进行选择。

第5步：同时选择复制属性，选择是否覆盖属性、是否覆盖截面、是否清空选择构件④等信息。

第6步：点击**复制**⑤命令，弹出图1.1-16选项卡，选择**是**⑥，完成楼层复制，查看整栋三维图。

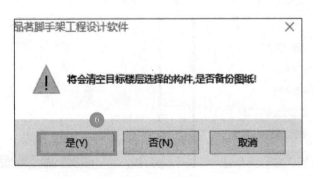

图1.1-16　清空目标楼层构件选项卡

第 7 步：将建筑上部非标准层部分按一层柱梁板转化命令创建屋顶部分楼层。完成后的整栋三维图见图 1.1-17。

图 1.1-17　整栋三维图

第 8 步：选择菜单栏的**工程**选项，选择 **BIM 模型导出**，将创建的模型导出为 P-BIM 文件。

1.2　手动建模

1. 功能

除了 CAD 转化建模，手动建模也是创建结构模型的常见方式。BIM 脚手架工程设计软件的手动建模功能，主要用于创建模架软件需要的主体阶段模型，与一般建模软件相同，通过创建轴网、基础、柱、墙、梁、板依次创建模型。

2. 操作步骤

（1）创建轴网

第 1 步：打开软件，在软件左侧模型创建区，点击**布置轴网**①，见图 1.1-18。

第 2 步：点击**绘制轴网**②，出现**轴网**选项卡③，见图 1.1-18。

第 3 步：如图 1.1-19 所示先选择轴网类型①（直线轴网或弧形轴网）；在②处选择上下开间和左右进深的轴间距、跨数、起始和终止轴号，相应的左侧显示轴网布置情况。

第 4 步：选择**轴号标注**③，点击**应用到楼层**及**确定**④，在软件绘图区形成轴网。

第 5 步：编辑轴网。在图 1.1-20 中用轴网编辑命令移动、删除、合并轴网，通过增加、删除、偏移等修改命令编辑轴线⑤。

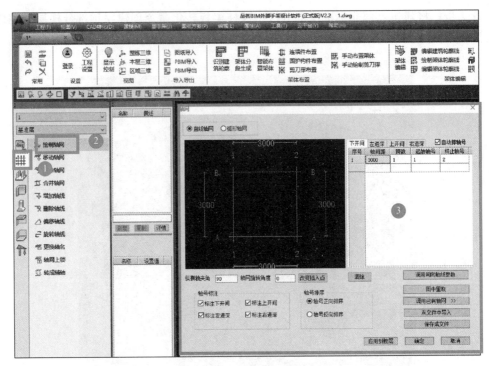

图 1.1-18 布置轴网选项图

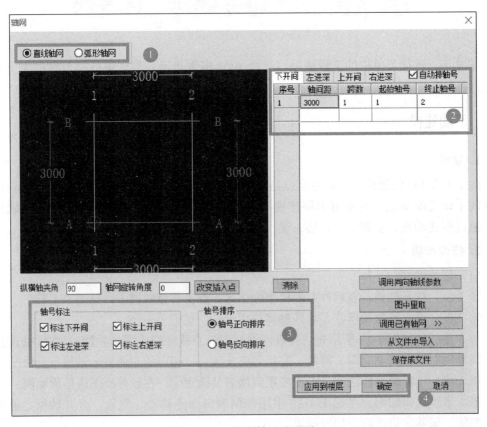

图 1.1-19 绘制轴网选项图

（2）布置基础

第1步：点击**布置基础**①，见图1.1-21，出现布置基础选项卡。选择基准层，默认基础形式为满堂基础②。

第2步：点击**矩形布置**③，选择满堂基础属性，如基础顶标高、底标高等信息④，见图1.1-22。

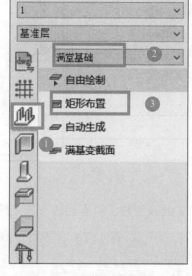

图1.1-20　轴网编辑　　　　图1.1-21　布置基础选项卡　　　　图1.1-22　满堂基础属性

第3步：在绘图区选定矩形第一点和第二点，生成满堂基础，如图1.1-23所示。

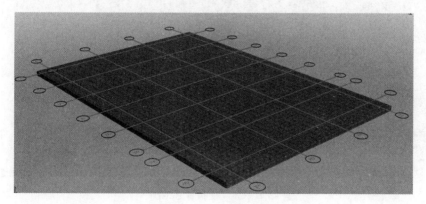

图1.1-23　满堂基础三维图

（3）创建柱

第1步：点击**布置柱**①选项，如图1.1-24所示。选择基准层，选择柱的形式②（砼柱、构造柱、暗柱、砖柱等）。

第2步：选择柱布置方式③，编辑柱子属性④。编辑柱子的标高、混凝土强度等级和尺寸等信息。

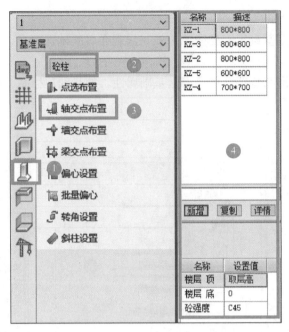

图 1.1-24　布置柱选项图

第 3 步：在绘图区相应位置处放置柱子，本层柱布置三维图如图 1.1-25 所示。

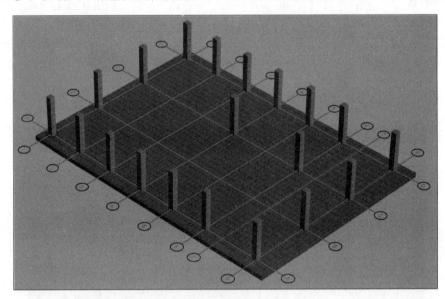

图 1.1-25　柱布置三维图

（4）创建墙

第 1 步：点击**布置墙**①选项，出现布置墙体的选项卡，见图 1.1-26。选择基准层，选择墙体的类型②（砼外墙、砼内墙、砌体外墙、砌体内墙、填充墙等）。

第 2 步：选择**自由绘制**③，编辑墙体属性④，如图 1.1-27 所示选择墙体的厚度、标高及混凝土强度等级等信息。

图 1.1-26　布置墙

图 1.1-27　墙体属性编辑图

第 3 步： 在绘图区相应位置绘制混凝土外墙、砌体内墙等，三维图见图 1.1-28。

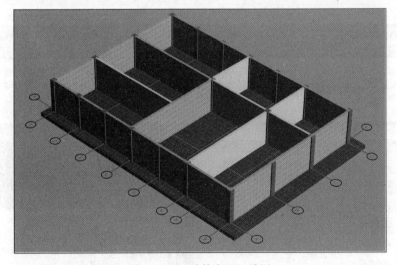

图 1.1-28　墙体布置三维图

（5）创建梁

第 1 步： 点击**布置梁**①选项，见图 1.1-29。选择基准层②、梁的类型③（框架梁、基础梁、次梁、圈梁等）。

第 2 步： 选择**自由绘制**④。编辑梁的属性⑤，编辑梁的标高、混凝土强度等级等信息。

第 3 步： 在绘图区相应位置绘制框架梁。

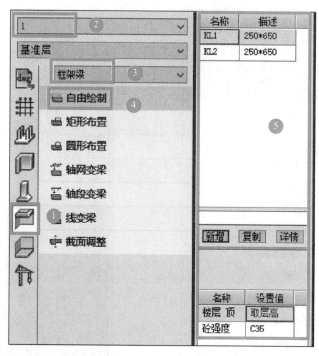

图 1.1-29　布置梁

（6）创建板

第1步： 点击创建模型区的**布置板**①选项，见图 1.1-30。

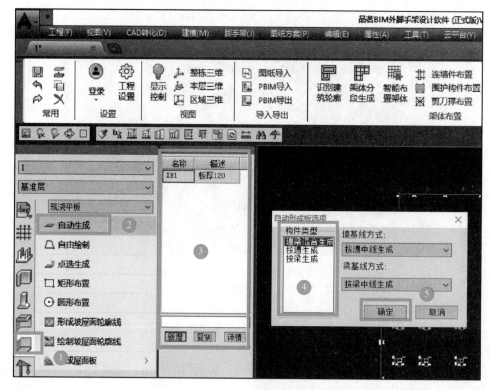

图 1.1-30　布置板

第 2 步：选择楼板的布置方式**自动生成**②，在构件属性区③中设置板的属性，如板厚、楼层标高和楼板混凝土强度等级等信息。

第 3 步：选择自动生成板的类型④，根据项目特点在"墙梁混合生成、按墙生成、按梁生成"中选择。

第 4 步：点击**确定**⑤完成板的创建，三维图见图 1.1-31。

图 1.1-31　板布置三维图

1.3　P-BIM 导入建模

1. 功能

P-BIM 模型是项目通过 Revit 软件建模，由 HiBIM 软件导出形成的土建模型；也可以是在 BIM 模板工程软件中已经建立而导出的土建模型。

2. 操作步骤

（1）HiBIM 软件导出

第 1 步：首先打开 HiBIM 软件，然后打开拟导入的 rvt 模型。

第 2 步：点开 HiBIM 软件中**通用功能栏**内的**算量楼层选择**①命令，见图 1.1-32，核对算量楼层信息表。

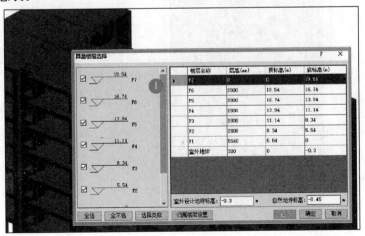

图 1.1-32　算量楼层信息表

第 3 步：点击**土建构件类型映射**，在弹出的对话框中选择映射②（查看未识别构件，如果存在未识别构件，则手动选择其构件类型，选择完之后，再点一次**映射**③，见图 1.1-33；无未识别构件后，再切换至已识别构件界面，检查一下结构模型构件类型是否映射正确）。

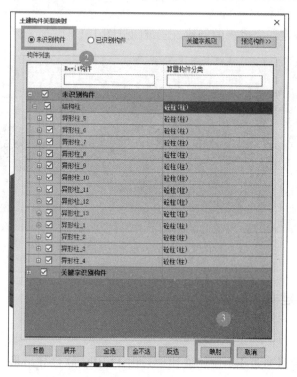

图 1.1-33　土建构件类型映射

第 4 步：完成映射后，点击 **BIM 导出**命令，选择需要导出的楼层④，见图 1.1-34，选择完成后点击**确认**⑤即可导出 P-BIM 模型。

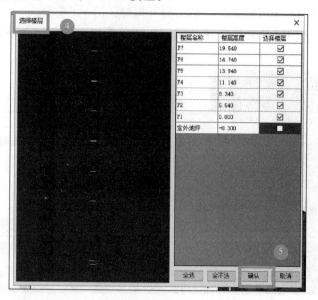

图 1.1-34　选择楼层

（2）P-BIM 模型导入

第 1 步：打开 BIM 脚手架工程设计软件，点击**工程**①，见图 1.1-35。

第 2 步：在下拉选项中选择 **BIM 模型导入**②，选择 P-BIM 模型文件③，图标如图 1.1-36 所示，选择**覆盖性导入**即可完成。

第 3 步：点击**整栋三维显示**，见图 1.1-37，检查模型的完整性。

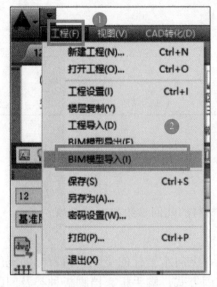

图 1.1-35　P-BIM 模型导入选项

图 1.1-36　P-BIM 模型文件图

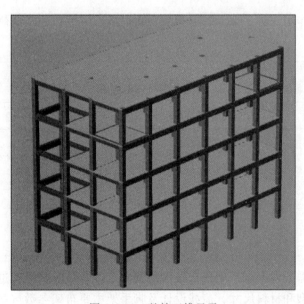

图 1.1-37　整栋三维显示

任务 2　参数设置

能力目标

参数设置能力目标　　　　　　　　　　　表 1.2-1

参数设置	1. 能设置脚手架材料参数
	2. 能设置架体构造参数
	3. 能设置荷载参数

概念导入

1. 材料参数

脚手架材料参数是指脚手架工程中杆件和支撑材料的几何参数和力学参数。

2. 架体构造参数

架体构造是指架体的类型；立杆的纵距、横距，纵向水平杆的步距；剪刀撑的宽度、间距和倾斜角度；悬挑型钢的间距、锚固长度、锚固方式；脚手板、挡脚板种类及间距；安全网、连墙件、底座等构件设置。

3. 荷载参数

荷载参数包括作用在脚手架上的静荷载、活荷载、风荷载和其他荷载参数。

子任务清单

参数设置子任务清单　　　　　　　　　　表 1.2-2

序号	子任务项目	备注
1	材料参数设置	
2	构造参数设置	
3	荷载参数设置	

任务分析

脚手架布架前需要根据脚手架现行技术规程和工程背景对脚手架进行设计，脚手架设计主要包括材料类型和材料尺寸、荷载设计及脚手架主要布架参数（如横距、纵距、步距等）设计。

2.1 材料参数设置

1. 功能

在工程设置的**杆件材料**中，扣件式脚手架包括脚手架中的钢管材料和型钢材料。这里的材料设置只用于脚手架"材料统计"，脚手架的安全验算还是根据**施工安全参数**中的设置。

2. 操作步骤

（1）设置钢管材料

第 1 步：点击软件左上角的**工程**①，下拉菜单中选择**工程设置**②选项，弹出工程设置选项卡③，如图 1.2-1 所示。

材料参数设置

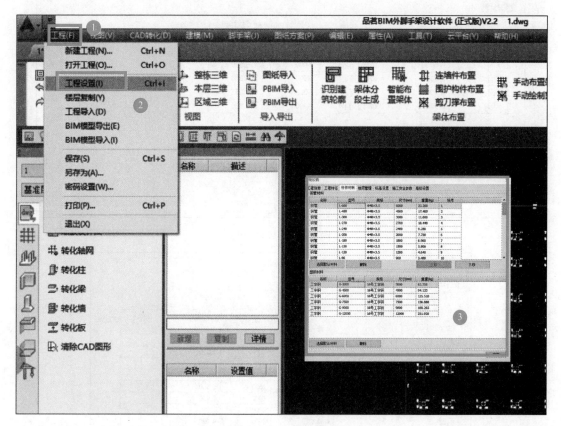

图 1.2-1　工程设置

第 2 步：钢管材料参数设置。点击**杆件材料**④，在图 1.2-2 中出现**钢管材料**⑤，点击**选择默认材料**⑥，出现钢管材料自定义选项卡，见图 1.2-3。

第 3 步：如图 1.2-3 中，选择钢管材料⑦，点击**增加**⑧，弹出如图 1.2-4 所示**增加杆件信息**⑨选项卡。可以命名杆件名称、型号、尺寸及相应的质量，选择钢管的规格。点击**确定**，就可以完成钢管材料参数的设置。

（2）设置型钢材料

第 1 步：点击图 1.2-1 中型钢材料的**选择默认材料**，显示图 1.2-5 型钢材料选项图。

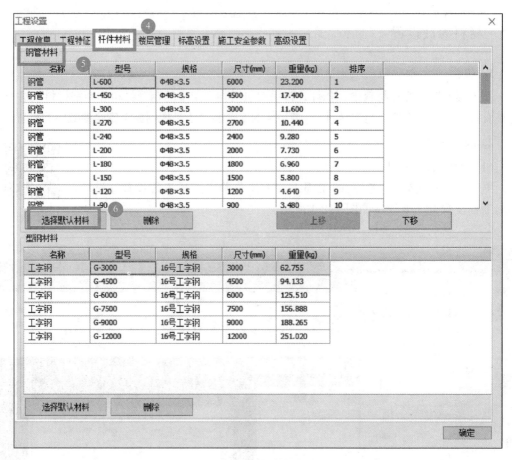

图 1.2-2　杆件材料

图 1.2-3　钢管材料自定义

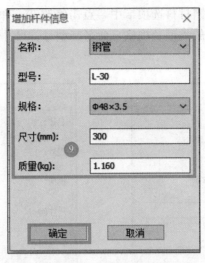

图 1.2-4 增加杆件信息

第 2 步：在图 1.2-5 型钢材料①选项卡中，点击**增加**②，弹出图 1.2-6 增加杆件信息选项卡，选择悬挑脚手架钢材的类型及规格，命名其型号、尺寸和质量④，点击**确定**⑤完成型钢材料的设置。

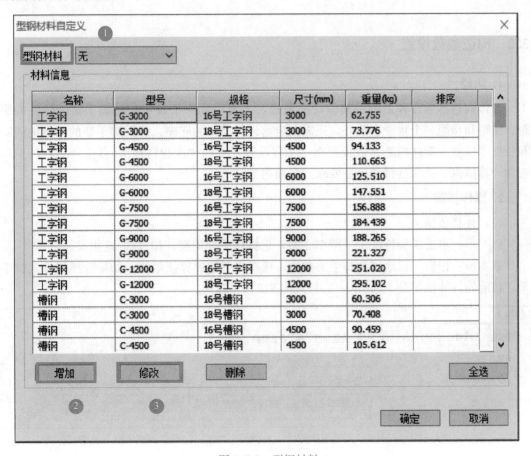

图 1.2-5 型钢材料

第 3 步：在图 1.2-5 型钢材料选项卡中，点击**修改**③，弹出图 1.2-7 修改杆件信息选项卡，修改悬挑脚手架钢材的类型及规格，命名其型号、尺寸和质量⑥，点击**确定**⑦完成型钢材料的设置。

图 1.2-6　增加杆件信息

图 1.2-7　修改杆件信息

2.2　构造参数设置

1. 功能

架体构造参数设置是脚手架设计的前提。主要内容除了确定扣件脚手架中杆件的纵距、横距和步距三个重要参数外，还需确定落地脚手架的底座、悬挑脚手架的型钢的间距和长度等信息。架体构造参数设置在"工程设置"中的"工程特征"，点击"工程特征"，包含计算依据、地区选择和构造要求三方面内容。

2. 操作步骤

（1）计算依据

第 1 步：点击**工程特征**①（图 1.2-8），选择脚手架类型，扣件式/盘扣式②。

第 2 步：根据工程地域和脚手架类型，选择脚手架计算依据③。如果选择扣件式脚手架，目前的计算依据是 JGJ 130—2011/GB 51210—2016。

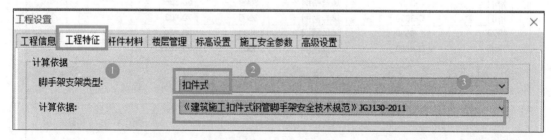

图 1.2-8　计算依据选项

（2）地区选择

第1步：根据工程背景，选择脚手架工程所在地的**省份**、**地区**①（图1.2-9）。

第2步：选择**风压重现期**②。考虑到脚手架使用周期一般都较短，少则几个月，多则1～2年，一般工程的脚手架风压选择10年一遇。

地区选择

第3步：根据工程所在地点选择**地面粗糙度类别**③。

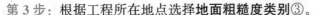
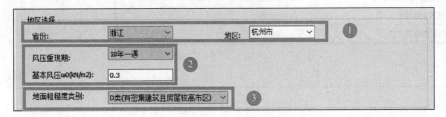

图1.2-9　地区选择

地面粗糙度可分为A、B、C、D四类。A类指近海海面和海岛、海岸、湖岸及沙漠地区。B类指田野、乡村、丛林、丘陵以及房屋比较稀疏的乡镇和城市郊区。C类指有密集建筑群的城市市区。D类指有密集建筑群且房屋较高的城市市区。

（3）架体构造参数设置

1）立杆纵向距离设置（图1.2-10）

第1步：点击**构造要求**。在参数名称中进行具体参数设置。

第2步：悬挑主梁纵向间距范围设置、悬挑主梁（阳角联梁悬挑）纵向间距范围设置。

架体构造参数设置

第3步：立杆纵向、横向间距范围设置。脚手架纵向相邻立杆的轴线距离，软件中的"300，1500"是指智能布置脚手架时立杆纵距的最小和最大距离，如图1.2-10所示。

参数名称	设置值
附加水平杆间距范围(mm)	200,400
悬挑主梁纵向间距范围(mm)	400,1500
悬挑主梁(阳角联梁悬挑)纵向间距范围(mm)	1500,2500
立杆纵向间距范围(mm)	300,1500
立杆横向间距范围(mm)	800,1200
纵、横向水平杆布置方式	纵向水平杆在上
附加水平杆间距计算精度(mm)	100
悬挑主梁、立杆纵横距计算精度(mm)	100
内立杆离建筑物边缘的距离范围(mm)	100,800

图1.2-10　架体构造参数设置（1）

第4步：立杆纵、横向水平杆布置方式、内立杆离建筑物边缘的距离范围等设置。

2）立杆横距、步距参数设置（图1.2-11）

第1步：立杆横距设置，脚手架横向相邻立杆的轴线距离。

杆件离墙距离设置

第2步：立杆步距、扫地杆距地面高度设置。

第3步：底座参数设置。底座设置，在"木垫板/固定底座/可调底座＋槽钢/槽钢/不设置"中进行选择。

第4步：内立杆离建筑物边缘的距离范围设置。

构造要求

参数名称	设置值
悬挑主梁、立杆纵横距计算精度(mm)	100
内立杆离建筑物边缘的距离范围(mm)	100,800
横杆步距h(m)	1.8
扫地杆距地面高度(mm)	200
底座或垫板设置	木垫板
立杆纵距布置方式	按50精度均分

确定

图 1.2-11 架体构造参数设置（2）

2.3 荷载参数设置

1. 功能

荷载参数设置在**工程设置**中的**施工安全参数**，根据工程脚手架的类型选择相应的荷载参数，见图 1.2-12。选择左侧脚手架类型，如**多排脚手架**，右侧相应显示**基本参数、施工荷载、脚手架自重荷载、风荷载、连墙件和基础等参数**的设置选项，作为脚手架安全计算的主要依据。

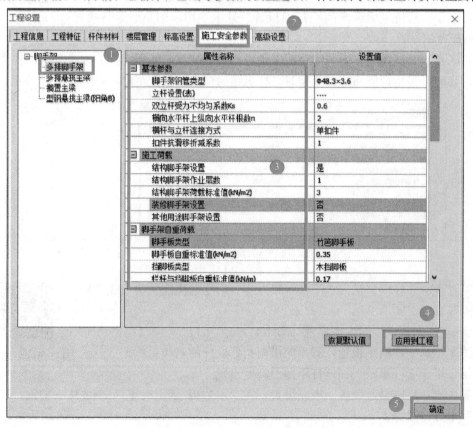

图 1.2-12 施工安全参数设置

2. 操作步骤

（1）基本参数设置（图 1.2-13）

属性名称	设置值
⊟ 基本参数	
脚手架钢管类型	Φ48.3×3.6
立杆设置(表)	....
双立杆受力不均匀系数Ks	0.6
横向水平杆上纵向水平杆根数n	2
横杆与立杆连接方式	单扣件
扣件抗滑移折减系数	1

落地架荷载
参数设置

图 1.2-13　基本参数设置

第 1 步：脚手架钢管类型。软件提供多种钢管尺寸选择，根据工程项目具体情况进行选择，规范建议选用钢管是 $\phi 48.3 \times 3.6$。

第 2 步：立杆设置（表），选择是否设置双立杆。如果设置双立杆，选择立杆搭设高度、双立杆计算高度、双立杆受力不均匀系数等信息，见图 1.2-14。一般脚手架工程中采用单立杆较多。

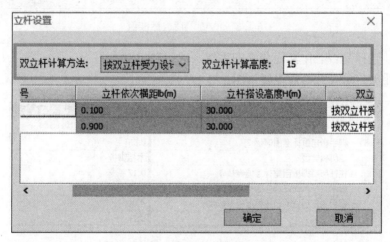

图 1.2-14　立杆设置

第 3 步：横向水平杆上纵向水平杆根数。这里指竹芭脚手板铺设时，纵向水平杆在上的情况。此处与构造要求中"纵横向水平杆布置方式"直接相关。

第 4 步：横杆与立杆连接方式，单扣件/双扣件。一般先选择单扣件，如果验算不符合要求，可选择双扣件。

第 5 步：扣件抗滑移折减系数，根据钢管和扣件的损耗程度选择，一般可选 0.85。

（2）施工荷载参数设置（图 1.2-15）

第 1 步：选择是否属于结构脚手架，脚手架类型根据受力情况可选"结构脚手架/装修脚手架"。

第 2 步：选择结构脚手架作业层数。

第 3 步：确认施工荷载标准值，见图 1.2-16。

施工荷载	
结构脚手架设置	是
结构脚手架作业层数	1
结构脚手架荷载标准值(kN/m2)	3
装修脚手架设置	否
其他用途脚手架设置	否

图 1.2-15　施工荷载参数设置

结构脚手架荷载　　　　　　　　　　　　　　　　　　　　　　　　　　×

《规范》JGJ130-2011 表4.2.2 施工均布荷载标准值

类别	标准值(kN/m²)
装修脚手架	2.0
混凝土、砌筑结构脚手架	3.0
轻型钢结构及空间网格结构脚手架	2.0
普通钢结构脚手架	3.0

确定　　　取消

图 1.2-16　施工荷载标准值

第 4 步：选择是否兼作其他装修脚手架。

（3）脚手架自重荷载参数设置（图 1.2-17）

脚手架自重荷载	
脚手板类型	竹笆脚手板
脚手板自重标准值(kN/m2)	0.35
挡脚板类型	木挡脚板
栏杆与挡脚板自重标准值(kN/m)	0.17
每米立杆承受结构自重标准值(kN/m)	0.17
密目式安全立网自重标准值(kN/m2)	0.01
铺设方式	....

图 1.2-17　脚手架自重荷载参数设置

第 1 步：选择脚手板、挡脚板类型及自重标准值。

第 2 步：铺设方式设置。如图 1.2-18 所示，设定脚手板、挡脚板、横向斜撑铺设和布置方式。

（4）风荷载参数设置（图 1.2-19）

第 1 步：确认是否考虑风荷载。如果选择"是"，则继续进行下列步骤。

第 2 步：风压高度变化系数设置。

第 3 步：安全网设置。全封闭/半封闭/敞开。

第 4 步：风荷载标准值自定义。如果选择"是"，则风荷载标准值按图 1.2-20 由输入数值确定；如果选择"否"，软件则根据风压高度变化系数和体型系数按内置公式计算确定。

图 1.2-18 脚手架铺设方式布置

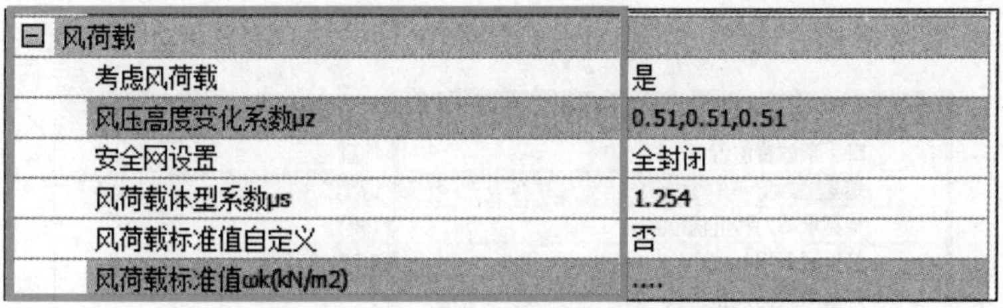

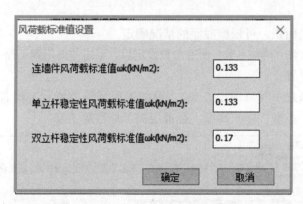

图 1.2-19 风荷载参数设置

图 1.2-20 风荷载标准值设置

（5）连墙件参数设置（图 1.2-21）

第1步：连墙件布置方式，选项有一步两跨、两步两跨、两步三跨等。

第2步：连墙件连接方式，刚性连接有钢管扣件连接、焊接等。

第3步：扣件抗滑移折减系数，根据钢管的折旧情况确定。

第4步：连墙件约束脚手架平面外变形轴向力，按规范进行取值。

第5步：立杆计算长度系数，按规范取值。

第6步：连墙件计算长度。

第7步：连墙件截面类型及型号，可选择钢管/槽钢/工字钢/角钢/工具式连墙件，相应的截面特征参数自动生成。

（6）基础参数设置（图 1.2-22）

第1步：落地脚手架放置位置，在"地基/不计算"中选择。

连墙件	
连墙件布置方式	一步两跨
连墙件连接方式	扣件连接
扣件抗滑移折减系数	1
连墙件与扣件连接方式	双扣件
连墙件约束脚手架平面外变形轴向力N0(kN)	3
立杆计算长度系数μ	1.5
连墙件计算长度l0(mm)	600
连墙件截面类型	钢管
连墙件型号	Φ48.3×3.6
连墙件截面面积Ac(mm2)	506
连墙件截面回转半径i(mm)	15.9
连墙件抗压强度设计值[f](N/mm2)	205

图 1.2-21　连墙件参数设置

第 **2** 步：地基土类型、地基承载力特征值选择。

基础	
脚手架放置位置	地基
地基土类型	粉土
地基承载力特征值fg(kPa)	140
垫板底面积A(m2)	0.25
地基承载力调整系数	1

图 1.2-22　基础参数设置

第 **3** 步：垫板底面积，可根据底座的情况确定。

第 **4** 步：地基承载力调整系数。所有参数设定后，点击"应用到工程"，再点击"确定"。

（7）其他信息设置

第 **1** 步：**工程信息**填写（图 1.2-23）。根据工程背景，填写工程名称、地址、参建单位和工程项目的结构类型、建筑高度、标准层高、层数等信息。

工程设置 ①

工程信息　工程特征　杆件材料　楼层管理　标高设置　施工安全参数　高级设置

工程信息

设置名称	设置值
工程项目	脚手架工程1
工程地址	
建设单位	
施工单位	
监理单位	
编制人	
日期	2021-2-6
审核人	
结构类型	框架结构
建筑高度(m)	30
单位工程	
标准层高(m)	3
地上楼层数	
项目经理	
技术负责人	

图 1.2-23　工程信息

第2步：**楼层管理**填写（图1.2-24）。根据创建模型自动生成楼层信息，通过添加楼层、复制楼层、删除楼层、重新排序等方式与实际工程背景进行核对、修改。

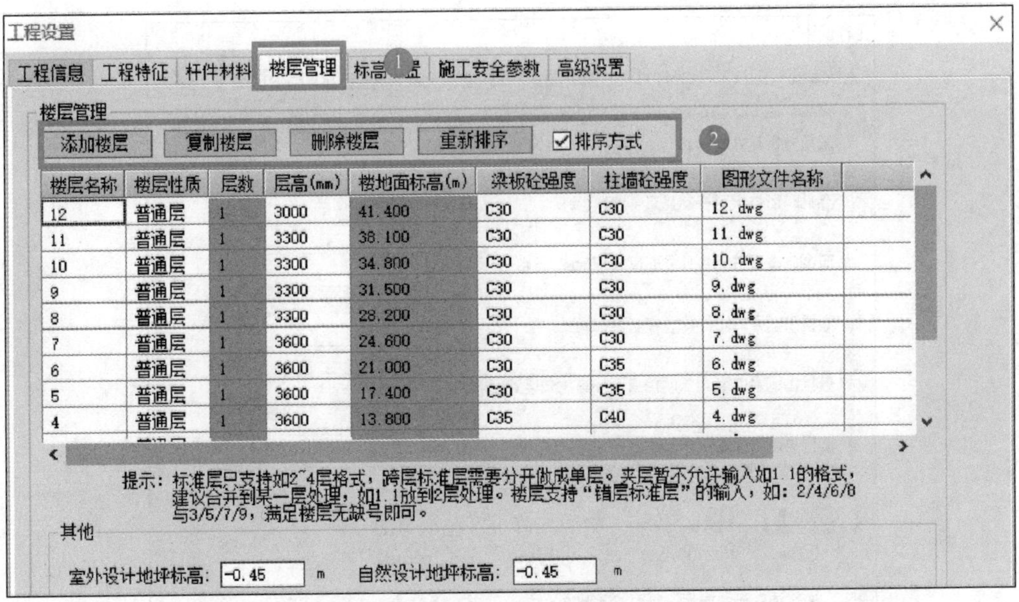

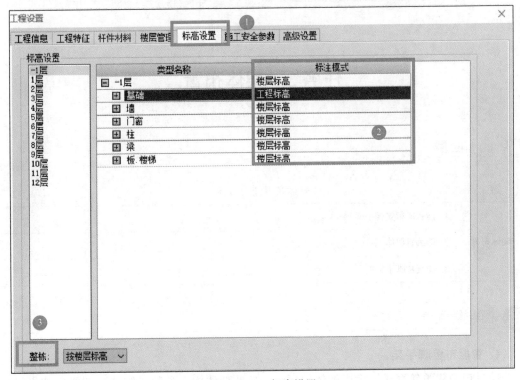

图1.2-24　楼层管理

第3步：**标高设置**。标高标注有楼层标高和工程标高两种模式，可以对每一层的各种构件标注模式进行设置标高，也可以按图1.2-25中左下角进行整栋设置。

图1.2-25　标高设置

第4步：**高级设置。**如图 1.2-26 所示，对脚手架布架有特殊部位的进行局部设置，如阳角分析尺寸等；也可以设置软件的驱动和天空球模式。

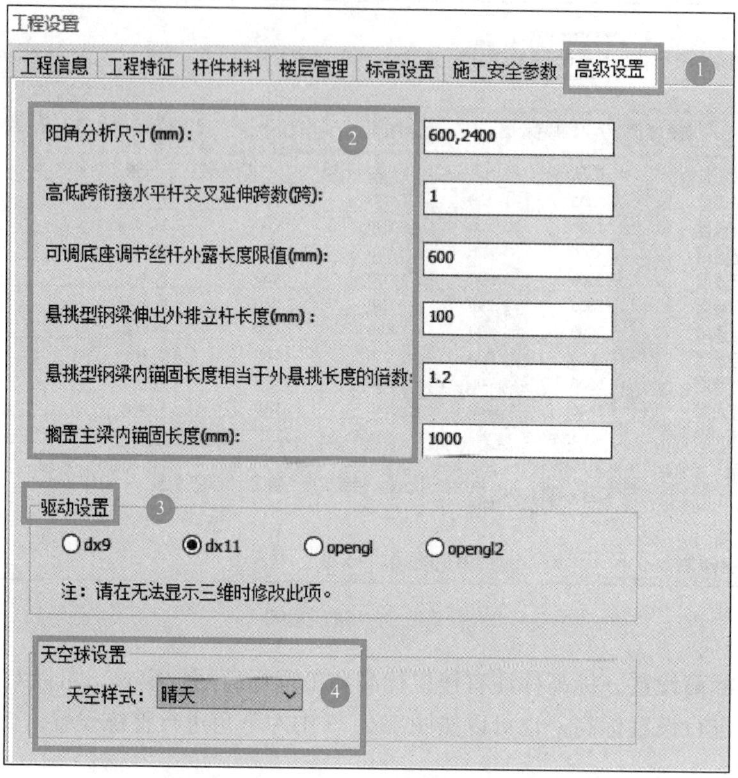

图 1.2-26　高级设置

任务 3　架体布置

能力目标

架体布置能力目标　　　　　　　　　　　　　　　　　　　　　　　表 1.3-1

架体布置	1. 能智能布置脚手架
	2. 能编辑架体
	3. 能复核脚手架安全

概念导入

1. 智能布置脚手架

通过识别建筑轮廓线、生成架体轮廓线，按照架体构造参数，智能布置脚手架纵横向水平杆和立杆、连墙件、围护构件和剪刀撑等的脚手架布架方式。

2. 手动布置脚手架

智能布置后利用编辑功能进行架体局部优化调整，也支持完全手绘架体。手动布置脚手架是指在智能布架的基础上，用手动方式对部分分段线脚手架的立杆信息进行修改、特别设置的一种方式。

3. 架体编辑

架体编辑功能支持在脚手架分段线内进行架体水平杆和型钢编辑、绘制；将高度和类型分段线合并，并支持在编辑状态下进行高度类型修改，通过夹点拖拉调整架体布置范围。

4. 脚手架设计验算

脚手架工程的设计，是属于先假设模型再验算其安全性的验证型设计，即假设脚手架工程的构配件类型和杆件间尺寸，再根据规范要求复核杆件的安全性。

 子任务清单

架体布置子任务清单　　　　　　　　　　　　　　　　表 1.3-2

序号	子任务项目	备注
1	智能布置	
2	架体编辑	
3	安全复核	

任务分析

脚手架布置是 **BIM** 脚手架工程软件核心内容，分智能布置和手动布置。常用的方法是采用智能布置脚手架，然后手动对架体局部部位进行编辑，手动编辑后的脚手架需要进行安全复核。

3.1　智能布置

1. 功能

智能布置脚手架是脚手架布设的主要方式。智能布置主要流程有识别和编辑建筑轮廓线、生成和编辑架体轮廓线、智能布置架体、智能布置连墙件、智能布置围护构件和剪刀撑等。

2. 操作步骤

（1）识别和编辑建筑轮廓线

第 1 步：点击软件架体编辑中的**识别建筑轮廓线**①，见图 1.3-1，绘图区弹出选择识别楼层选项卡②。

建筑轮廓线设置

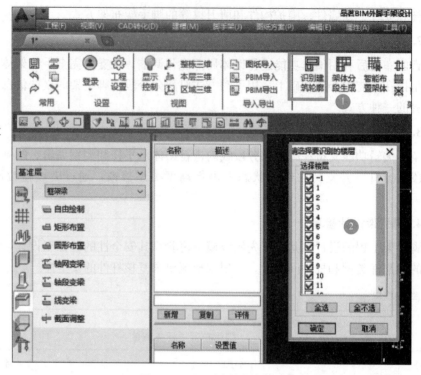

图 1.3-1　识别建筑轮廓线

第2步：在图 1.3-2 中选择楼层，全选/部分选择，点击**确定**③，在绘图区1层平面图上显示红色的建筑轮廓线图。

第3步：点击图 1.3-3 中的**编辑建筑轮廓线**①，显示建筑轮廓线编辑卡②。绘制建筑轮廓线，可以在绘图区绘制闭合的建筑轮廓线；也可以在已识别的建筑轮廓线上增加夹点和删除夹点以调整和修改建筑轮廓线，以满足布架的要求。

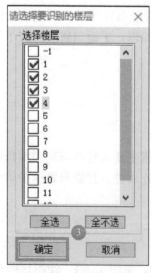

图 1.3-2　选择识别楼层

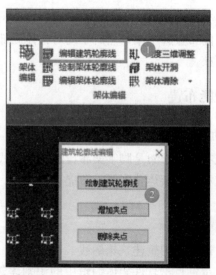

图 1.3-3　编辑建筑轮廓线

（2）生成和编辑架体轮廓线

第1步：点击软件架体编辑中的**架体分段生成**①，见图1.3-4，在绘图区弹出脚手架分段高度设置选项卡②。

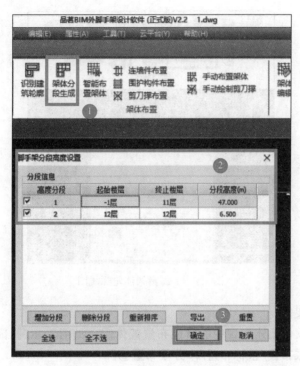

架体轮廓线设置

图 1.3-4　脚手架分段高度设置

第2步：根据工程背景，设置脚手架的分段，点击**确定**③，在绘图区显示蓝线和红线的架体内外轮廓，见图1.3-5。

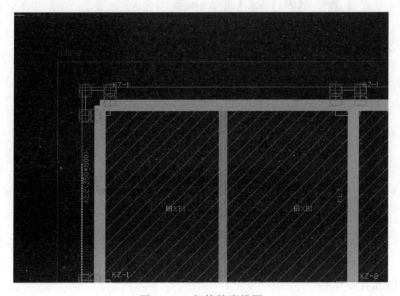

图 1.3-5　架体轮廓线图

第 3 步：点击图 1.3-6 中的**编辑架体轮廓线**①，显示脚手架轮廓线编辑卡。点击**增加夹点**或**删除夹点**②，点击增加夹点时，鼠标点击夹点位置即可增加。若点击删除夹点，鼠标点击夹点位置，该夹点即可删除。

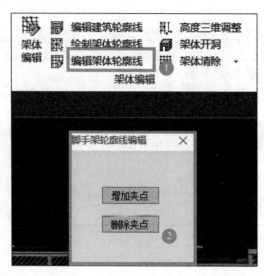

图 1.3-6　编辑架体轮廓线图

（3）智能布置架体

第 1 步：点击软件架体布置中的**智能布置架体**①，见图 1.3-7。鼠标移至视图区，根据实际情况选择**区域布置/整栋布置/本分段布置**②。

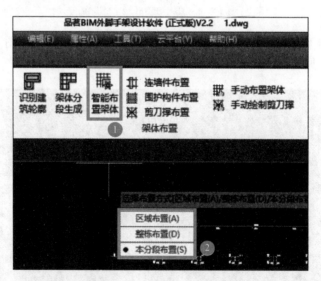

图 1.3-7　智能布置架体

第 2 步：点击**本分段布置**，绘图区显示智能布置横立杆平面图，见图 1.3-8。

第 3 步：点击**显示整栋三维图**，见图 1.3-9。

（4）智能布置连墙件

第 1 步：点击软件架体编辑中的**连墙件布置**①，鼠标移至绘图区，在**分段设置/整栋**

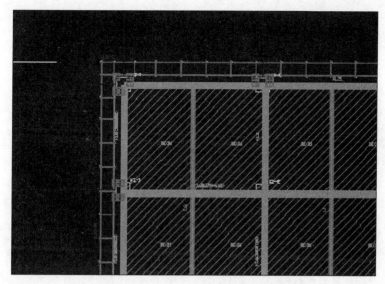

连墙件布置

图 1.3-8　智能布置横立杆平面图

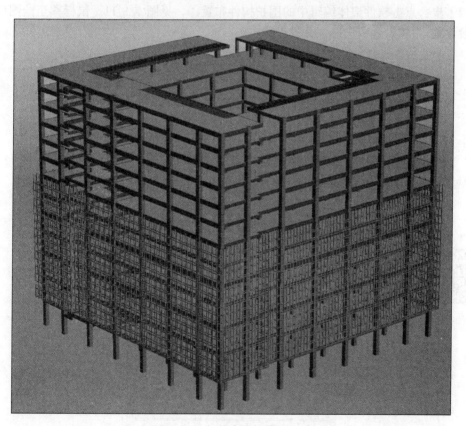

图 1.3-9　智能布置架体三维图

设置中选择**分段设置**，显示图 1.3-10 智能布置连墙件选项卡。

　　第 2 步：在图 1.3-10 中，设置连墙件向外延伸跨数和水平间距②，在三维图中检查连墙件设置。

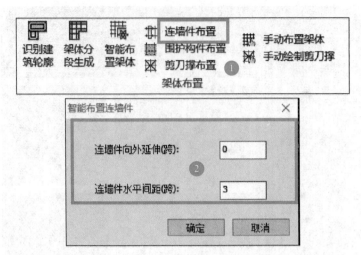

图 1.3-10 智能布置连墙件选项卡

(5) 智能布置围护构件

第1步：点击软件架体编辑中的**围护构件布置**①，见图 1.3-11。鼠标移至绘图区，在**本分段设置/整栋设置**中选择本分段设置。

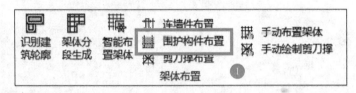

图 1.3-11 围护构件布置

第2步：设置脚手板②。在图 1.3-12 中选择脚手板的铺设方式。

围护构件设置

图 1.3-12 围护杆件布置设置

第3步：布置挡脚板/防护栏杆③。挡脚板/防护栏杆一般同脚手板设置。

第4步：布置安全网④。在全封闭/半封闭/敞开式中进行选择。

第5步：点击**确定**⑤，完成围护构件设置，检查整栋三维图，见图1.3-13。

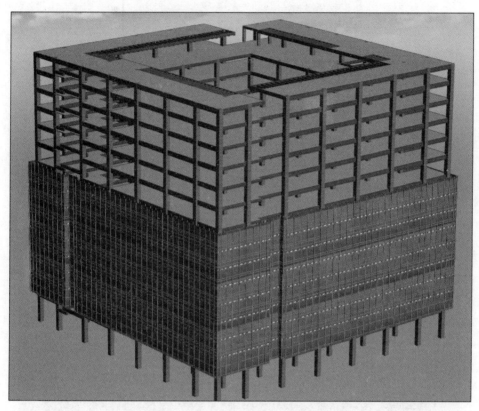

图1.3-13 智能布置围护构件三维图

（6）智能布置剪刀撑

第1步：点击软件架体编辑中的**剪刀撑布置**①，见图1.3-14。鼠标移至绘图区，在**本分段设置/整栋设置**中选择**本分段设置**。

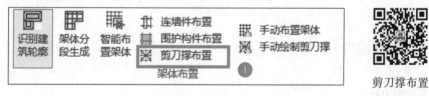

图1.3-14 智能布置剪刀撑

第2步：在图1.3-15选项卡中设置剪刀撑的宽度、最小尺寸、横向斜撑的间隔距离②等。

第3步：点击**确定**③，完成剪刀撑设置，本层三维图见图1.3-16。

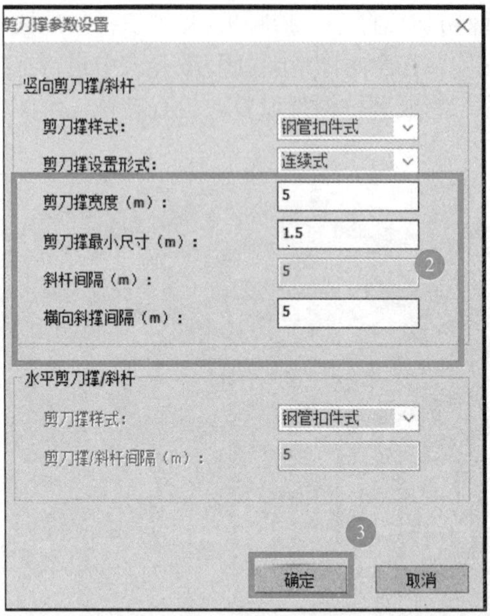

图 1.3-15　剪刀撑参数设置

图 1.3-16　智能布置剪刀撑本层三维图

3.2　架体编辑

架体编辑功能

1. 功能

架体编辑也可以称为手动布置脚手架，可以通过**架体编辑**中的"编辑绘制建筑轮廓线、绘制架体轮廓线、手动布置架体、手动绘制剪刀撑"等功能实现手动布置架体。架体编辑可以解决智能布置的架体过于密集、杆件交叉、缺失、特殊位置生成错乱、工字钢间距和位置需调整等架体排布异常情况；通过架体编辑命令进行杆件的增删、移动、绘制达到预期目标；或利用已经调整好的高度分段线，进行完全手动绘制架体。

2. 操作步骤

（1）手动布置脚手架

第1步：点击**编辑建筑轮廓线**①，见图 1.3-17。在绘图区出现建筑轮廓线编辑选项卡，见图 1.3-18。在绘图区绘制建筑轮廓线。

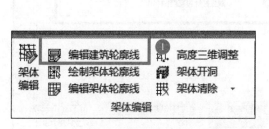

图 1.3-17　智能布置剪刀撑本层三维图

图 1.3-18　建筑轮廓线编辑

第2步：点击**绘制建筑轮廓线**②，在绘图区出现的对话框设置脚手架起止标高及脚手架类型，见图 1.3-19。

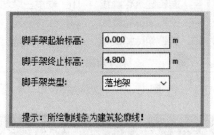

图 1.3-19　脚手架起止标高及类型设置

第3步：点击软件架体编辑中的**手动布置架体**，见图 1.3-20。鼠标移至绘图区，显示**选择分段线**。

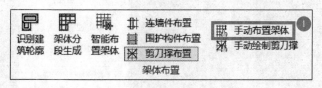

图 1.3-20　手动布置架体

选择绘制的架体轮廓线，左键点击的某分段线脚手架，如 1LD1-11，点击右键，显示如图 1.3-21 所示手动布置脚手架架体选项卡。

第4步：点击**手动绘制剪刀撑，**在绘图区选择布置剪刀撑的两个立杆的位置，即可布置两立杆间的剪刀撑。

（2）架体编辑

1）架体编辑

第1步：点击**架体编辑**①，见图 1.3-22。绘图区右下角显示**架体编辑**选项卡，如图 1.3-23 所示。

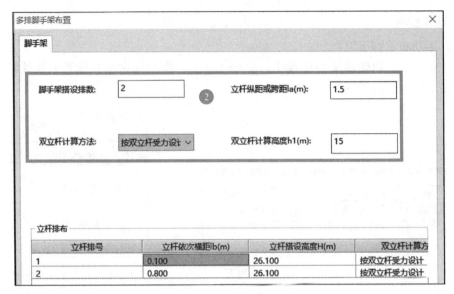

图 1.3-21 手动布置脚手架架体

架体轮廓线编辑

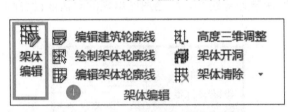

图 1.3-22 架体编辑

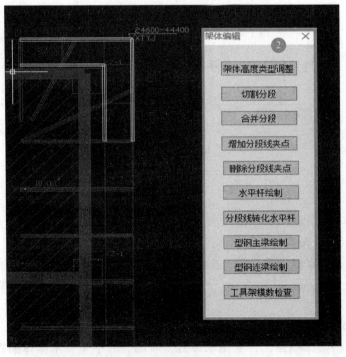

图 1.3-23 架体编辑选项卡

第2步：点击**架体高度类型调整**。点击后提示选择标高分段线，点击7层悬挑架某分段标高，如7XTYJ2-1段标高处，显示图1.3-24架体高度和类型调整。

第3步：选择高度范围，选择脚手架类型，点击**确定**。

第4步：在图1.3-23上，点击**切割分段**，鼠标左键点击标高分段线，分段线显示虚线。

第5步：在虚线上点击分段点，点击右键完成分段设置。

第6步：**合并分段**操作同切割分段。

第7步：点击**型钢主梁绘制**，主梁（红色线条标识）可以拾取架体内外边线上的点或建筑物内的位置绘制型钢主梁，也可以删除主梁。

第8步：点击**型钢连梁绘制**，连梁（黄色线条标识）可以拾取架体线上的点或型钢主梁上的点绘制型钢连梁。

图1.3-24　架体高度和类型调整

型钢梁编辑

2）架体清除

第1步：在软件架体编辑中找到**架体清除**，见图1.3-25。点击架体清除旁的三角形，显示架体清除选项，可选择**架体清除、清除剪刀撑/斜杆、清除架体轮廓线、清除建筑轮廓线**等。

第2步：选择**架体清除**，显示图1.3-26清除架体范围选项。采用相同步骤清除智能布置架体的剪刀撑、架体轮廓线和建筑轮廓线等。

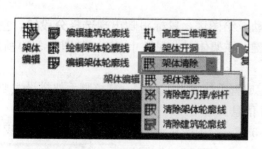

图1.3-25　架体清除选项图　　　　图1.3-26　清除架体范围选项

3）架体开洞

第1步：点击**架体开洞**，跟随鼠标移动在架体外轮廓线上选择开洞的第一点和第二点。

第2步：在**确定洞口高度**对话框中选择洞口的顶标高和底标高。

4）高度三维调整

第1步：点击**高度三维调整**，在"选择要调整显示的类型"框选择楼层。

第2步：在图1.3-27中对分段脚手架的起始标高和终止标高进行调整。绘图区三维图显示调整后的脚手架变化。

图1.3-27　脚手架分段高度设置

3.3　安全复核

1. 功能

脚手架布设后，应该及时复核脚手架布设的尺寸、搭设的主要参数是否满足要求；辨识项目中是否存在危险性较大的脚手架工程，并对脚手架工程的安全性进行复核。

2. 操作步骤

第1步：复核脚手架布设的标注。

点击图1.3-28中**标注查询**，鼠标移动至绘图区，鼠标跟随出现**选择分段线**，左键点击选择架体分段线，如-1LD1-2，点击右键，在架体上出现尺寸标注，如图1.3-29所示。

第2步：复核脚手架搭设参数。

点击**搭设参数汇总**，见图1.3-28，生成脚手架搭设汇总表。复核脚手架搭设主要参数纵距、横距、步距、立杆离墙距离等尺寸信息。

第3步：点击**架体超高辨识**，见图1.3-28。绘图区显示图1.3-30超高脚手架辨识选项，根据工程背景设定落地脚手架和悬挑脚手架的高度限制。点击**确定**，选择**本层/整栋**，在绘图区将出现"超高架体汇总表"。

第4步：点击图1.3-28中**安全复核**，选择**本层/整栋**，在绘图区出现"安全复核不通过"的构件。如未显示安全复核不通过构件，则脚手架工程布架合格。

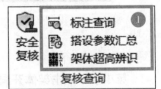

图1.3-28　安全复核

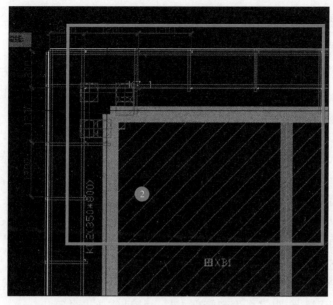

图 1.3-29　分段架体尺寸标注图

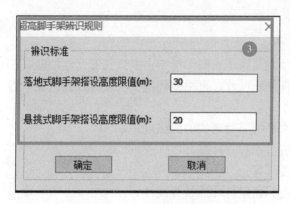

图 1.3-30　超高脚手架辨识

任务 4　成果生成

 能力目标

	成果生成能力目标	表 1.4-1
成果生成	1. 能导出施工方案	
	2. 能输出架体材料统计	
	3. 能展示模拟成果	

概念导入

1. 脚手架工程施工方案

为加强对危险性较大的分部分项工程安全管理，明确安全专项施工方案编制内容，规范专家论证程序，确保安全专项施工方案实施，积极防范和遏制建筑施工生产安全事故的发生，施工单位应当在危险性较大的分部分项工程施工前编制专项方案。脚手架工程专项施工方案应包含以下内容：

（1）工程概况：危险性较大的分部分项工程概况、施工平面布置、施工要求和技术保证条件。

（2）编制依据：相关法律、法规、规范性文件、标准、规范及图纸（国标图集）、施工组织设计等。

（3）施工计划：施工进度计划、材料与设备计划。

（4）施工工艺技术：技术参数、工艺流程、施工方法、检查验收等。

（5）施工安全保证措施：组织保障、技术措施、应急预案、监测监控等。

（6）劳动力计划：专职安全生产管理人员、特种作业人员等。

（7）应急处置措施。

（8）计算书及相关图纸。

2. 脚手架设计验算

脚手架工程的设计，是属于先假设模型再验算其安全性的验证型设计，即假设脚手架工程的构配件类型和杆件间尺寸，再根据规范要求复核杆件的安全性。脚手架的验证计算包含以下内容：

（1）纵向、横向水平杆等受弯构件的强度；

（2）连接扣件的抗滑承载力计算；

（3）立杆的稳定性计算；

（4）连墙件的强度、稳定性和连接强度计算；

（5）立杆地基（或型钢）承载力计算。

3. 方案模拟成果

依托 BIM 脚手架工程设计软件，脚手架工程专项施工方案成果除包含文本和图纸外，实现一键生成材料统计，实现三维图和视频成果展示。

 子任务清单

成果生成子任务清单　　　　　　　　　　　　　　　　　表 1.4-2

序号	子任务项目	备注
1	施工方案导出	
2	材料统计输出	
3	模拟成果展示	

在 BIM 脚手架工程软件中布设脚手架后，需要输出设计成果。软件除提供输出脚手架施工方案的文本、计算书、图纸外，还可以进行脚手架材料统计；同时可以实现三维图片、成果展示的视频输出。

4.1 施工方案导出

1. 功能

在工程项目脚手架布置且进行安全复核后，就可以生成脚手架施工方案的成果。脚手架工程施工方案是脚手架工程施工重要的依据文件，BIM 脚手架工程设计软件输出的成果主要有脚手架计算书、方案书、施工图纸及材料统计等。

2. 操作步骤

（1）导出计算书

第1步：如图 1.4-1、图 1.4-2 所示，点击**计算书**，鼠标移动至视图区，鼠标跟随出现**选择分段线**，左键点击选择脚手架架体分段线，如-1LD1-2，点击右键，生成相应的计算书。

图 1.4-1　架体编辑区的图纸方案

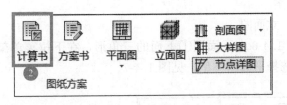

图 1.4-2　计算书选项

第2步：导出计算书或**合并计算书**，检查计算内容是否完整，计算结论是否满足要求。

第3步：按需完成其他分段脚手架的计算书，见图 1.4-3，所有计算书将保存在脚手架工程中的"我的成果"中。

（2）导出方案书

第1步：点击图 1.4-4 中**方案书**，鼠标移动至视图区，鼠标跟随出现**本层/整栋/区域**。

第2步：左键点击选择方案书的范围。如左键点击选择**本层**，点击右键，出现图 1.4-5 生成方案书选项卡。

第3步：选择**生成施工方案**，施工方案将保存在软件操作文件夹"我的成果"中。

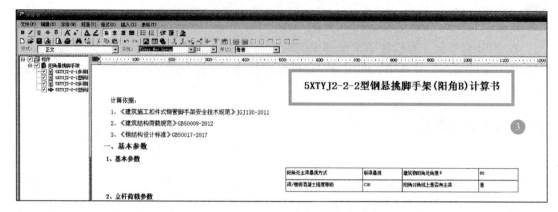

图 1.4-3　生成分段计算书

第 4 步：选择**导出施工方案**，检查施工方案的内容是否完整和工程背景是否匹配。

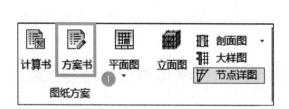

图 1.4-4　方案书选项

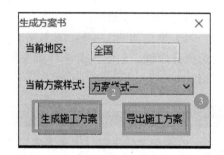

图 1.4-5　生成方案书选项卡

（3）输出图纸方案

1）输出平面图、立面图

第 1 步：点击图 1.4-6 中**平面图**①下面的三角形，在下拉菜单**架体平面图/连墙件平面图/型钢平面图**中选择平面图类型，见图 1.4-7。

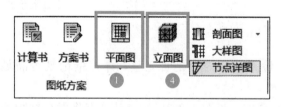

图 1.4-6　平面图、立面图选项

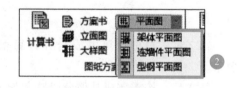

图 1.4-7　平面图下拉菜单选项

第 2 步：选择**架体平面图**②，在鼠标跟随显示**本层/整栋**③中再进行选择，见图 1.4-8，选择本层，即可生成本层架体平面图。

第 3 步：点击架体平面图的右上角的"关闭"，提示导出对话框，保存平面图。平面图将保存在软件操作文件夹"我的成果"中。

连墙件平面图（如图 1.4-9 所示）、型钢平面图的导出同架体平面图操作。

第 4 步：点击图 1.4-6 中**立面图**④，即可生成脚手架工程四个面的立面图。

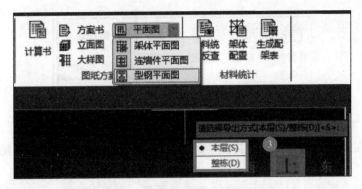

图 1.4-8　架体平面图鼠标跟随选项

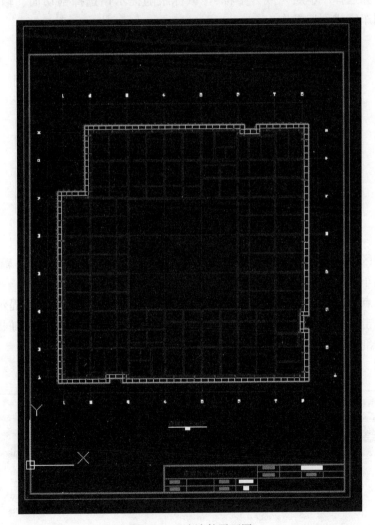

图 1.4-9　连墙件平面图

2）输出剖面图、大样图、节点详图

第 1 步：在图 1.4-10 中点击**剖面图**右面的三角形，在下拉菜单绘制剖切线/生成剖面**图**中选择绘制剖切线。

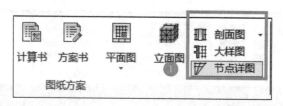

图 1.4-10　连墙件平面图

第 2 步：在脚手架布架图中选择相应的楼层，鼠标移动至绘图区，跟随鼠标提示依次操作**拾取起点、下一点、选择方向**。

第 3 步：点击图 1.4-11 剖面图中的**生成剖面图**，鼠标移动至绘图区在**本层/整栋/区域**③中选择。如选择"本层"或"整栋"，鼠标跟随提示**请选择剖切面、输入剖切深度**，点击右键或回车完成剖切操作。

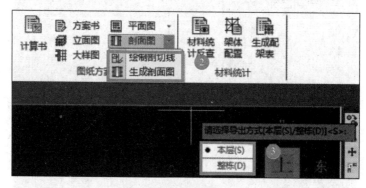

图 1.4-11　连墙件剖面图

如选择"区域"，则根据提示操作**选择需要剖切的构件、选择剖切面、输入剖切深度**，点击右键或回车完成剖切操作。同时保存剖面图至"我的成果"。

第 4 步：点击图 1.4-10 中的**大样图**，鼠标移动至绘图区，跟随鼠标提示操作**选择分段线**，右键点击显示图 1.4-12 脚手架大样图选项卡。点击**确定**，鼠标跟随提示**请输入剖切深度**，输入剖切深度后右键点击完成操作。

如点击图 1.4-12 中的**继续选择**，则重复第 4 步。

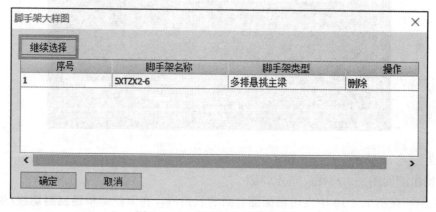

图 1.4-12　脚手架大样图选项卡

第5步：点击图 1.4-10 中的**节点详图**，鼠标移动至绘图区，跟随鼠标提示**选择需要生成的分段线**，右键点击完成操作。节点详图保存在"我的成果"。

4.2 材料统计输出

1. 功能

架体材料统计命令在软件的工具栏**材料统计**，如图 1.4-13 所示。该命令能完成布置架体材料数量统计和架体配架方案。

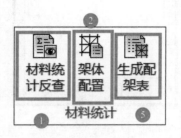

材料统计输出

图 1.4-13 材料统计选项卡

2. 操作步骤

第1步：点击图 1.4-13 材料统计选项的**材料统计反查**①，自动生成图 1.4-14 脚手架材料统计表。统计脚手架工程的相关材料，可用于编制脚手架施工方案材料部署和成本核算中。

第2步：点击图 1.4-13 材料统计选项的**架体配置**②，显示图 1.4-15 架体配置范围选择框。

序号	构件信息	单位	工程量
1	⊞ 立杆	m	24296.88
2	⊞ 水平杆		
3	⊞ 剪刀撑	m	7129.923
4	⊞ 横向斜撑	m	1390.933
5	⊞ 脚手板	m2	5844.216
6	⊞ 挡脚板	m	7451.72
7	⊞ 防护栏杆	m	14903.44
8	⊞ 安全网	m2	12160.7
9	⊞ 连墙件	套	728
10	⊞ 型钢悬挑主梁	m	1034.237
11	⊞ 型钢联梁	m	115.52
12	⊞ 型钢悬挑梁上拉杆件	m	818.385
13	⊞ 型钢悬挑梁上拉杆件与结构连接	套	281
14	⊞ 型钢悬挑梁固定	套	918
15	⊞ 垫板		
16	⊞ 单扣件	个	53824
17	⊞ 旋转扣件	个	3262

图 1.4-14 脚手架材料统计表

第3步：选择架体配置范围③。如选择 5 层～8 层，点击**确定**，生成图 1.4-16 脚手架配架方案。

图 1.4-15　架体配置范围选择框

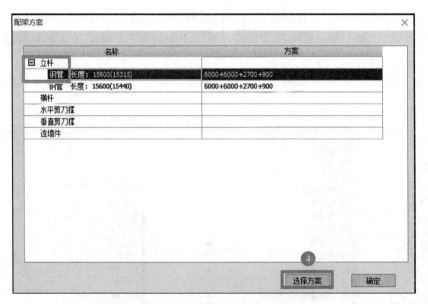

图 1.4-16　脚手架配架方案

　　第 4 步：图 1.4-16 中点击**立杆**钢管，再点击**选择方案**④，显示图 1.14-17 脚手架配架方案选择。选择其中一种配架方案，点击**确定**完成配架。

　　如果点击图 1.4-17 中的**自定义**⑤，显示图 1.4-18 自定义方案选项，自行确定脚手架立杆配架后，再点击**确定**。

　　第 5 步：点击图 1.4-13 材料统计功能图的**生成配架表**，显示图 1.4-19 脚手架配架表。

　　第 6 步：点击图 1.4-19 中的**导出 Excel**⑥，即可完成配架表输出。

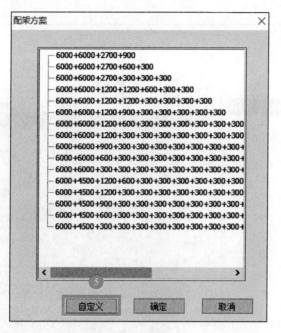

图 1.4-17　脚手架配架方案选择

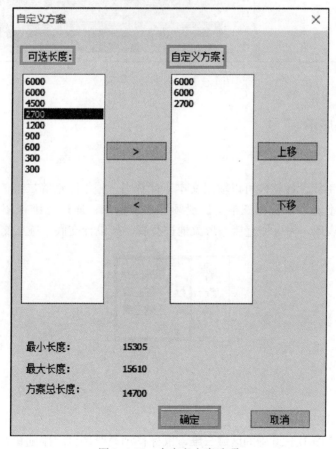

图 1.4-18　自定义方案选项

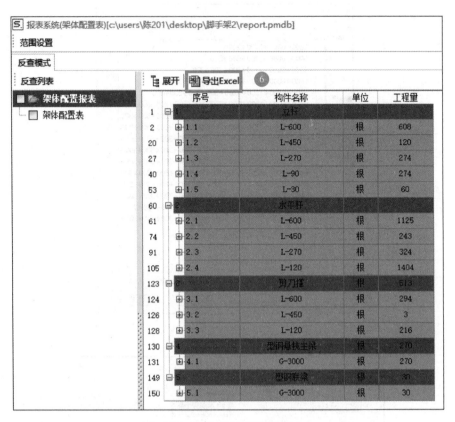

图 1.4-19　脚手架配架表

4.3　模拟成果展示

1. 功能

BIM 脚手架工程设计软件可以输出文本、计算书、施工图纸等二维信息外，还可通过图 1.4-20 三维操作选项，输出三维图、视频等三维信息；通过三维视图功能实现脚手架结构材质个性化表现，为更加直接、形象地进行脚手架设计交底、施工交底提供支持。

图 1.4-20　三维操作选项

2. 操作步骤

（1）导出区域三维图

第 1 步：点击图 1.4-20 中的**区域三维**，鼠标移动至绘图区，跟随鼠标提示操作**选择矩形起点**、**选择矩形终点**，右键点击完成区域选择。软件生成区域三维图，见图 1.4-21。

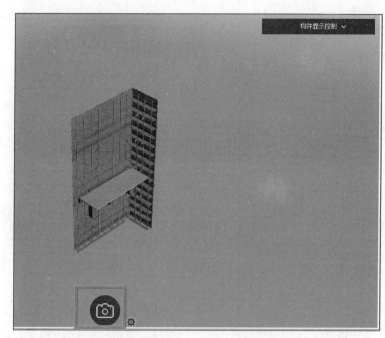

导出区域三维

图 1.4-21　区域三维图

第 2 步：点击图 1.4-21 中的**拍照**命令，区域三维图将保存在"我的成果"，见图 1.4-22。

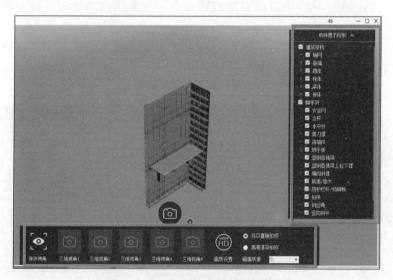

图 1.4-22　区域三维图拍照

第 3 步：点击图 1.4-22 中的**相机设置**命令，可以调整相机视角和画面质量。

第 4 步：点击图 1.4-22 中右上角的**构件显示控制**命令，可以控制三维图显示的内容。

（2）导出本层三维图

第 1 步：点击图 1.4-20 中的**本层三维**，显示图 1.4-23 本层三维显示构件选项卡。

第 2 步：点选图 1.4-23 **脚手架**构件显示内容，点选**扣件**选项（图 1.4-24）。生成本层三维图，如图 1.4-25 所示。

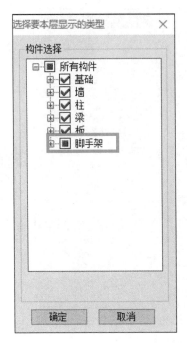

图 1.4-23　本层三维显示构件选项卡

图 1.4-24　脚手架显示构件选项卡

第 3 步：点击图 1.4-25 下方的**自动旋转**命令，三维图自动旋转，再一次点击，停止转动。

第 4 步：点击图 1.4-25 下方的**剖切观察**命令，移动剖切矩形框，可以剖切平行矩形框的任意位置三维图，如图 1.4-26 所示。

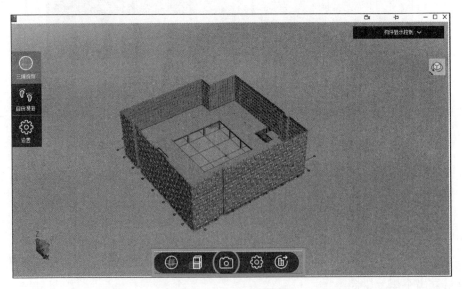

图 1.4-25　本层三维图

第 5 步：点击图 1.4-25 下方的**拍照**命令，本层三维图保存在"我的成果"。

第 6 步：点击图 1.4-25 下方的**导出三维模型**命令，软件支持导出 SKP、OBJ、HSF 格式。

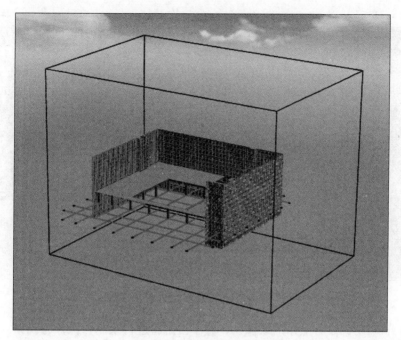

图 1.4-26　剖切观察本层三维图

（3）输出整栋三维图

第 1 步：点击图 1.4-20 中的**整栋三维**，选择整栋三维显示构件后，显示图 1.4-27 整栋三维图。

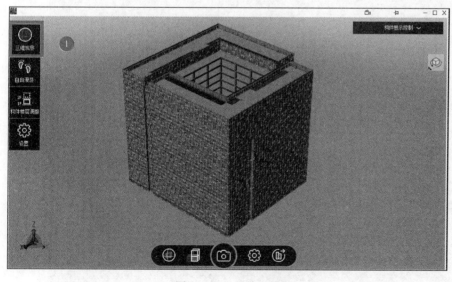

输出整栋三维图

图 1.4-27　整栋三维图

第 2 步：点击图 1.4-27 中左侧的**三维观察**①，鼠标左键拖动可以旋转三维模型。

第 3 步：点击图 1.4-28 中左侧的**自由漫游**②，显示自由漫游操作界面。按右下角提示在键盘操作 W（上）、S（下）、A（左）、D（右）及 PgUp、PgDn 进行视线移动，实现在脚手架布架中自由漫游。

图 1.4-28　整栋三维自由漫游操作界面

如果打开图 1.4-28 右上角的**录像**④，整个漫游将进行录制，保存为视频。

第 4 步：点击图 1.4-27 中左侧的**构件楼层调整**，可以选择构件进行调整，点右键确认，如图 1.4-29 所示。

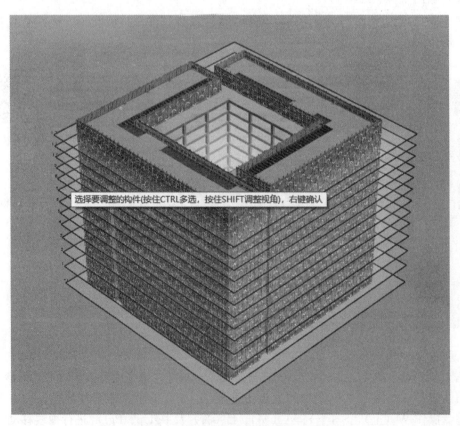

选择要调整的构件(按住CTRL多选，按住SHIFT调整视角)，右键确认

图 1.4-29　整栋三维楼层调整操作界面

第5步：点击图1.4-27中左侧的**设置**，可进行光源配置和相机配置。

（4）设置三维贴图

第1步：打开软件菜单栏的**视图**①，在下拉菜单选择**显示控制**②，再选择**三维贴图设置**③，如图1.4-30所示。

设置三维贴图

图1.4-30　三维贴图打开界面

第2步：在图1.4-31中设置结构材质。点击立杆钢管后的材质类型**颜色**，在图中显示立杆钢管的颜色；点击**双击修改**，显示图1.4-32选择颜色界面，修改颜色后点击**确定**。

结构类型	材质类型	横向拉伸	纵向拉伸	效果预览
⊟ 立杆				
立杆钢管	颜色	-	-	双击修改
副立杆钢管	颜色	-	-	双击修改
工具架立杆	颜色	-	-	双击修改
底座	颜色	-	-	双击修改
⊟ 水平杆				
纵向水平杆	颜色	-	-	双击修改
横向水平杆	颜色	-	-	双击修改
附加水平杆	颜色	-	-	双击修改
标准横杆	颜色	-	-	双击修改
扫地杆	颜色	-	-	双击修改
⊟ 连墙件				

重置当前　重置所有　　　　确定　取消

图1.4-31　三维贴图材质选择

结构类型主要是脚手架构件材质选择和结构模型构件材质选择，材质类型有"颜色"和"位图"两种类型。

　　第3步：点击**位图**，显示当前位图颜色，点击**双击修改**，在图库中选择修改的位图颜色，完成修改。

　　第4步：完成所有修改后，点击**确定**（图1.4-32）。

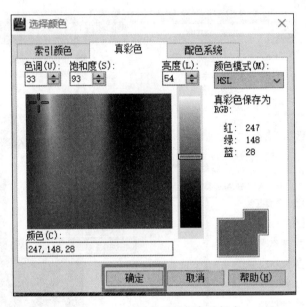

图1.4-32　材质类型的颜色选择卡

学习情境二　BIM 模板工程设计软件应用

学习情境二学生资源

学习情境二教师资源

概念导入

BIM 模板工程设计软件是一款针对现浇混凝土结构的模板工程设计软件，可以满足方案可视化审核、模板成本估算、高支模方案论证、方案优化和编制等功能，是国内首款基于 BIM 的模板设计软件。

1. 运行环境

品茗 BIM 模板工程设计软件是基于 AutoCAD 平台开发的 3D 可视化模板支架设计软件。因此，安装本软件前，务必确保计算机已经安装 AutoCAD。为达到最佳显示效果建议安装 AutoCAD 2008 32bit、AutoCAD 2014 32/64bit 等。目前对 PC 机的硬件环境无特殊性能要求，建议 2G 以上内存，并配有独立显卡。

2. 操作界面

打开 BIM 模板工程设计软件，显示软件的操作界面，如图 2.0-1 所示。

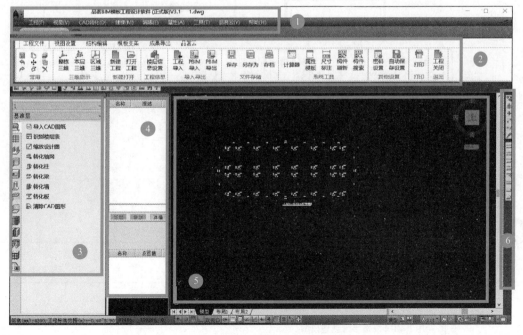

图 2.0-1　软件操作界面

① **菜单区**：主要是软件的菜单栏（包括一些基本的操作功能、软件平台和资讯）及部分命令按钮面板（高版本 CAD 如果菜单栏未显示，可以点击左上角的 CAD 图标右侧的下拉三角，选择里面的显示菜单栏就可以了）。

② **功能区**：模板工程设计软件各项功能的具体操作。

③ **创建区**：按照模板工程设计软件操作步骤顺序列出了各项建模操作和专业功能命令。

④ **属性区**：显示各构件的属性和截面（注意双击属性区下侧的黑色截面图，可以改变部分构件的截面）。

⑤ **视图区**：主要显示软件的二维、三维模型和布置的模板支架等。

⑥ **命令区**：主要是一些常用的命令按钮，可以根据需要设置。

3. 工作流程

软件操作流程大致为模型创建、参数设置、模板支架布置、成果生成等，如图 2.0-2 所示。

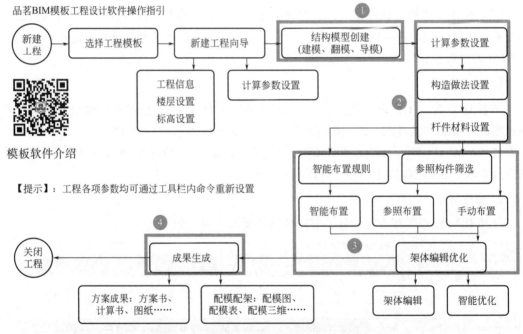

图 2.0-2　BIM 模板工程设计软件工作流程

任务 1　模型创建

能力目标

	模型创建能力目标	表 2.1-1
模型创建	1. 能根据已知 CAD 图纸转化创建模型	
	2. 能手动创建模型	
	3. 能用 P-BIM 模型导入创建模型	

概念导入

1. 手动建模

BIM 模板工程设计软件有手动建模功能，是构建局部结构模型的首选解决方案。手动建模一般顺序为：绘制轴网，布置柱、墙、梁、板。

2. P-BIM 模型

P-BIM 模型可通过 HiBIM 软件导出已有 Revit 工程模型而得，也可以由其他 BIM 施工类软件导出。采用 P-BIM 模型可以快速创建 3D 土建模型，实现不同专业间的协作共享。

子任务清单

	模型创建子任务清单	表 2.1-2
序号	子任务项目	备注
1	CAD 图纸转化建模	
2	手动建模	
3	P-BIM 导入建模	

任务分析

创建 3D 土建模型是模板工程设计的前提，BIM 模板工程软件提供三种创建模型的方式，即 CAD 图纸转化建模、手动建模和 P-BIM 导入建模。CAD 图纸转化建模是目前最常见的方法。

1.1 CAD 图纸转化建模

1. 功能

CAD 图纸转化建模是快速将二维设计图纸转换为三维 BIM 模型的技术，可降低建模的成本和时间，经过楼层表、轴网、柱、墙、梁、板、楼梯等与模板工程有关构件的识别和转换过程，可将工程项目的 CAD 图纸转化为满足模板工程设计要求的三维模型。

2. 操作步骤

（1）识别楼层表

第 1 步：打开同一版本 CAD 软件，复制 CAD 图纸的楼层表到 BIM 模板工程设计软件的视图区。

第 2 步：点击 **CAD 转化**中识别楼层表功能（图 2.1-1），框选视图区的楼层表，生成楼层表（图 2.1-2）。

第 3 步：整理楼层表。调整层号、楼地面标高、层高、柱墙和梁板混凝土等级信息，完成后点**确定**。

第 4 步：点开**工程设置**中楼层管理，可见楼层信息全部建立，检查是否与项目相符。

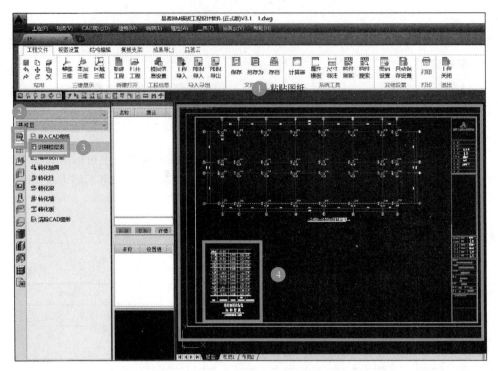

图 2.1-1 识别楼层表

楼层名称	层号	楼地面标高(m)	层高(m)	柱墙砼标号	梁板砼标号	
13	屋面层	43.500	3.400	C30	C30	
12	十二层	39.900	3.600	C30	C30	
11	十一层	36.300	3.600	C30	C30	
10	十层	32.700	3.600	C30	C30	
9	九层	29.100	3.600	C30	C30	
8	八层	25.500	3.600	C30	C30	
7	七层	21.900	3.600	C30	C30	
6	六层	18.300	3.600	C30	C30	
5	五层	14.700	3.600	C30	C30	
4	四层	11.100	3.600	C30	C30	
3	三层	7.500	3.600	C30	C30	
2	二层	3.900	3.600	C35	C30	
1	一层	-0.400	4.300	C35	C30	

重新提取　　设为首层　　删除行　　根据标高设置层高　　　确定

从Excel提取　　　　　插入行　　根据层高设置标高　　　取消

图 2.1-2 生成楼层表

（2）转化轴网

第1步：选定要操作的标准层，这里从第1层开始。将竖向构件平面布置图（即柱子平面布置图）复制至本软件，见图2.1-3。

第2步：点击**转化轴网**，出现识别**轴网**对话框。

第3步：**提取轴符层**，在视图区选中包括轴号、轴距标注所在图层；**提取轴线层**，在

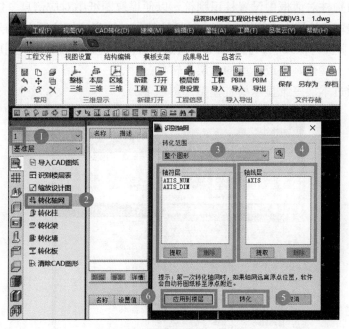

图 2.1-3　转化轴网

视图区选中轴线层。选中后如有遗漏，可再次提取，直到相应图层完全不见。

第 4 步：点击**转化**，完成模型的轴网建立，并可应用到其他楼层。

（3）转化柱

第 1 步：在已转化轴网的柱子平面布置图上，选定要操作的标准层，这里从第 1 层开始。

第 2 步：点击**转化柱**，出现**识别柱**对话框（图 2.1-4）。

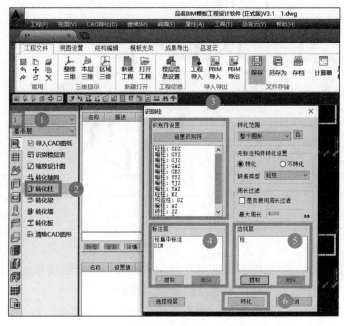

图 2.1-4　转化柱

第 3 步：**识别柱**对话框中设置柱识别符，以便提取图纸中对应信息。

第 4 步：**提取标注层**，在视图区选中包括柱编号、柱定位标注所在图层；**提取边线层**，在视图区选中柱截面外框线层。选中后如有遗漏，可再次提取，直到相应图层完全不见。

第 5 步：点击**转化**，完成模型的 1 层柱转化。

第 6 步：通过本层三维显示检查模型（图 2.1-5）。

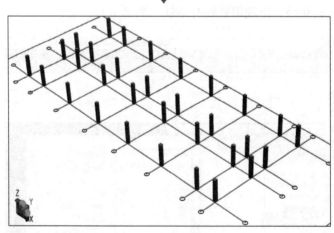

图 2.1-5　本层三维显示（柱）

（4）转化墙

第 1 步：将剪力墙平面布置图带基点复制至本软件，选定要操作的标准层。

第 2 步：点击**转化墙**，出现识别墙及门窗洞对话框。

第 3 步：点击**墙转化设置**中添加，来识别图纸中墙边线信息。首先，在图 2.1-6 中④处将软件提供的墙厚信息全部添加；再检查图纸中是否有其他墙厚尺寸，如有遗漏可输入添加或者从图中量取；在⑤处**提取**墙的**边线层**，观察图纸直至边线层全部提取。

图 2.1-6　提取墙边线图层

第 4 步：在**识别墙及门洞口**对话框，如图 2.1-7 所示，**提取墙名称标注层**，观察图纸直至墙名称全部提取。

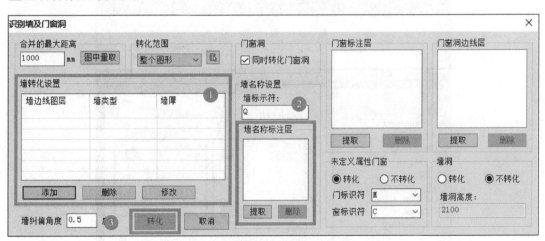

图 2.1-7　转化墙

第 5 步：完成转化，并通过三维效果进行检查。

（5）转化梁

第 1 步：从第 1 层开始，创建该层顶部的梁，需将二层梁平法施工图带基点复制至软件。

第 2 步：如图 2.1-8 所示，为方便捕捉轴线交点，可通过**视图设置**中**显示控制**关闭柱层。

图 2.1-8　显示控制

第 3 步：点击**转化梁**，出现**梁识别**对话框（图 2.1-9），设置梁识别符，以便提取图纸中对应信息（图 2.1-10）。

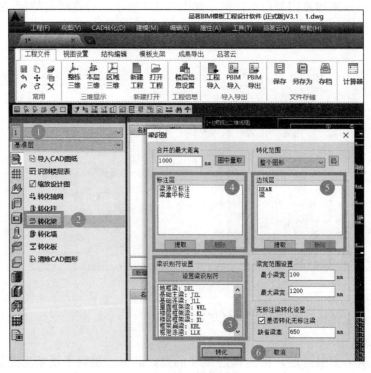

图 2.1-9　转化梁

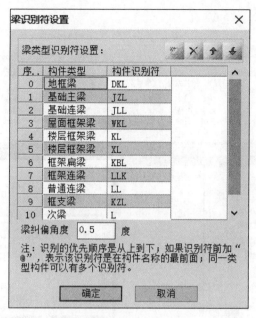

图 2.1-10　梁识别符设置

第 4 步：**提取标注层**，在视图区选中包括集中标注和原位标注所在图层；**提取边线层**，在视图区选中梁线层。选中后如有遗漏，可再次提取，直到相应图层完全不见。

第 5 步：点击**转化**，完成模型的 1 层顶梁转化。

第 6 步：恢复柱层显示，清除 CAD 图形，通过本层三维显示检查模型（图 2.1-11）。

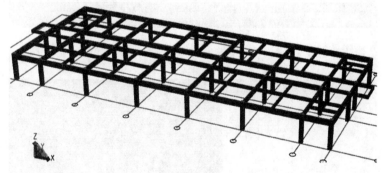

图 2.1-11　本层三维显示（梁、柱）

（6）转化板

第 1 步：从第 1 层开始，创建顶层的板，需将二层结构图带基点复制至软件（操作同转化梁），转化具体操作如图 2.1-12 所示。

第 2 步：点击**转化板**，出现识别板对话框。**提取标注层**，在视图区选中板相关信息，如板厚、板标高等。选中后如有遗漏，可再次提取，直到相应图层完全不见。

第 3 步：查看图纸说明中未注明板厚信息，填入**缺省板厚**中，完成转化。

第 4 步：根据图纸对模型进行调整：1）删除多余的板；2）选中板，调整板厚（图 2.1-13 中①处）；3）显示和调整板面标高（图 2.1-13 中②处、图 2.1-14）。

图 2.1-12 转化板

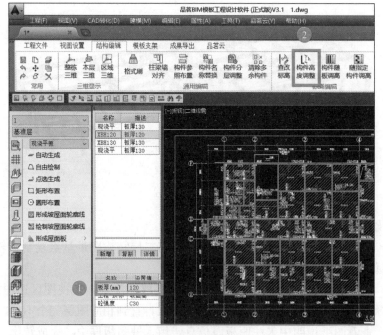

图 2.1-13 板调整

图 2.1-14　板面标高

第 5 步：最后通过本层三维显示检查模型（图 2.1-15）。

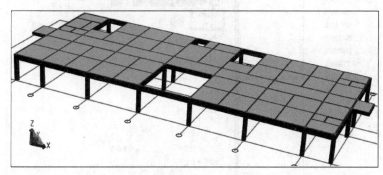

图 2.1-15　本层三维显示（梁、板、柱）

1.2　手动建模

1. 功能

除了智能识别建模外，手动建模也是经常用来构建结构模型的一种处理方案。手动建模不仅具有基于行业用户习惯设计的建模功能，而且具有简单易用、快捷高效的特点。

2. 操作步骤

（1）创建轴网

创建轴网

第 1 步：在第 2 层手动创建建模。为与第 1 层轴网对齐，采用层间复制轴网到第 2 层（图 2.1-16），保留轴①和轴Ⓐ以便定位，删除其余轴网。

第 2 步：点击**轴网布置**中**绘制轴网**，出现**轴网**对话框，如图 2.1-17 所示。

第 3 步：在下开间下部空白行右键点击**添加**增加行，分别输入轴①～轴⑧之间的轴间距；在左进深下部空白行右键点击**添加**增加行，分别输入轴Ⓐ～轴Ⓓ之间的轴间距。

第 4 步：点击**确定**后，将新建轴网体系按照图 2.1-17 中基点位置导入 2 层视图中，点击**删除轴线**，将原保留的轴①和轴Ⓐ清除。

第 5 步：在视图区用 CAD 直线命令画出辅助轴线，再点击**转成辅轴**，完成添加辅助轴线。

第 6 步：对轴网进行绘制、移动、删除、合并、转辅轴等操作，支持正交、弧形轴网等多种形式的自由绘制。

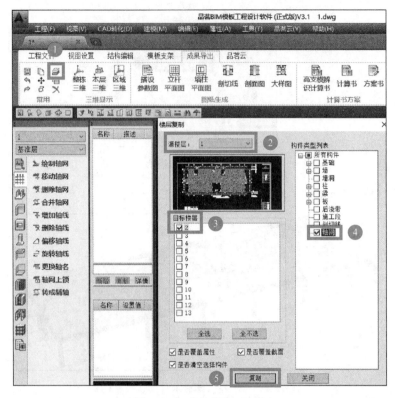

图 2.1-16　轴网层间复制

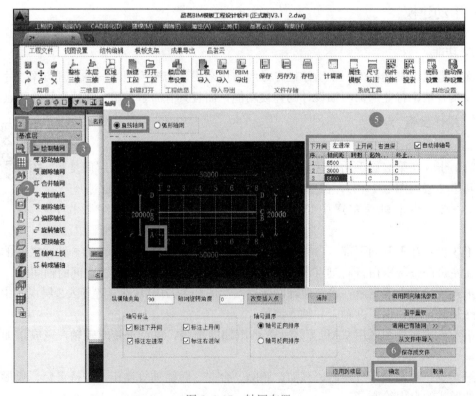

图 2.1-17　轴网布置

（2）创建柱

第1步：点击**布置柱**选项，如图 2.1-18 所示。选择基准层，选择柱的
形式（砼柱、构造柱、暗柱、砖柱等）。

第2步：如图 2.1-18 所示，在④处确定当前操作为 KZ1，双击⑤处，
出现右侧**选择截面**对话框，在⑥处选择截面形式为**矩形**，在⑦处对截面尺寸
进行点击修改，完成后点击**确定**。

创建柱

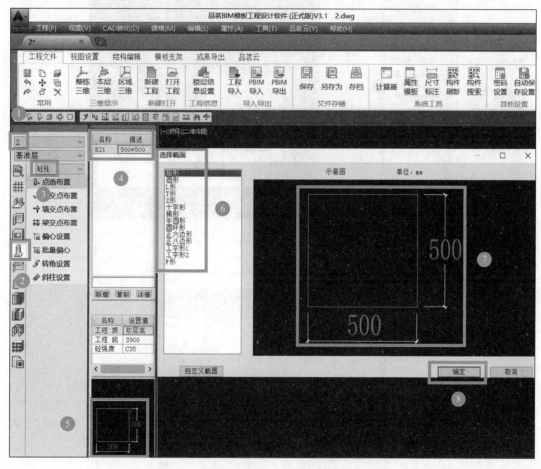

图 2.1-18　柱子定义

第3步：**点选布置**可选择插入点对柱进行布置；**轴交点布置**可框选轴线交点，在选中
交点处布置柱。

第4步：点击**偏心设置**（图 2.1-19），可选中单个柱子进行偏心修正；若要对多个柱
子进行偏心修正，可通过**批量偏心**进行设置。其余柱子请参照此方法依次布置。

（3）创建墙

第1步：点击布置墙选项，如图 2.1-20 所示。选择基准层，选择墙的形式（砼外墙、
砼内墙、砌体外墙、砌体内墙、填充墙、间壁墙等）。

第2步：**新增砼外墙**，见图 2.1-20，在④处可对新增墙的名称和描述进行定义，但真
实的墙厚显示在⑤处，应在⑤处对墙厚进行修改，并使④处描述与其对应。

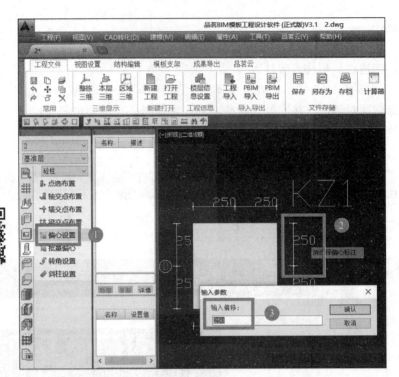

图 2.1-19 偏心设置

创建墙

图 2.1-20 墙定义

第3步：对墙布置可采用**自由绘制、矩形布置、圆形布置**，也可把已存在的轴网、轴段、线段直接转化成墙。

（4）创建梁

第1步：点击布置梁选项，如图 2.1-21 所示。选择基准层，选择梁的形式（框架梁、次梁、基础梁、圈梁、过梁、连梁等）。

创建梁

第2步：**新增梁**，图 2.1-21 中，在④处确定当前操作为 KL1，双击⑤处，出现右侧**选择截面**对话框，在⑥处选择截面形式为**矩形**，在⑦处对截面尺寸进行点击修改，完成后点击**确定**。

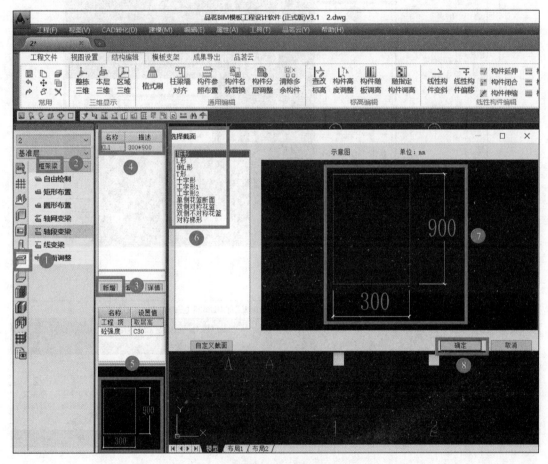

图 2.1-21　梁定义

第3步：如图 2.1-22 所示，用**自由绘制**对梁进行布置，首先要选中要布置的梁（见①处），然后在**属性**对话框中定义梁与布置路径的关系以及梁顶标高（见③处），最后在视图区绘制。

第4步：如图 2.1-23 所示，用**柱梁墙对齐**来使 KL1 梁边和柱边对齐进行位置调整（见图 2.1-23 中①处）；点击**构件高度调整**，可对梁进行高度修正（见图 2.1-23 中②处）。其余梁请参照此方法依次布置。

第5步：对梁布置还可采用**矩形布置、圆形布置**，同时也可把已存在的轴网、轴段、

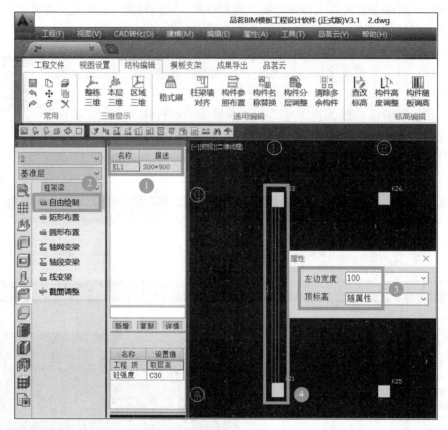

图 2.1-22 梁布置

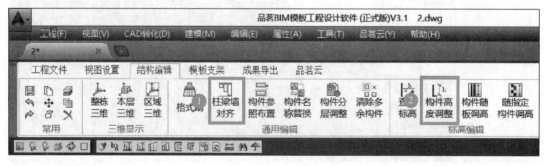

图 2.1-23 梁调整

线段直接转化成梁。

（5）创建板

第 1 步：点击布置板选项，如图 2.1-24 所示。选择基准层，选择板的形式（现浇平板、现浇拱板、预制板、梯板等）。

第 2 步：**新增板**，如图 2.1-24 所示，在③处可对新增板的名称和描述进行定义，但真实的板厚显示在④处，应在④处对板厚进行修改，并使③处描述与其对应。⑤处可显示此类型板外观。

第3步：用**自动生成**进行板布置，首先要设置生成板的方式（图2.1-25），然后框选要布置板的区域（这里全选2层区域）。

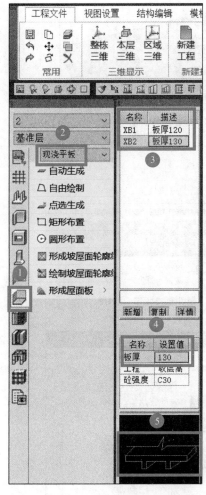

图 2.1-24 板定义

创建板

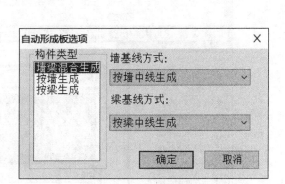

图 2.1-25 自动生成板

第4步：对模型进行调整：1）删除多余的板；2）调整板厚（通过新增板）；3）显示和调整板面标高（图2.1-13中②处、图2.1-14）。

第5步：对板布置还可采用**自由绘制**、**点选生成**、**矩形布置**、**圆形布置**，同时也可通过轮廓线生成坡屋面板。

第6步：通过本层三维显示检查模型（图2.1-26）。

（6）楼层复制

第1步：点击**楼层复制**，见图2.1-27，选择源楼层为"2"、目标楼层为"3～11"，并点选要复制的构件"梁、板、柱"，完成复制。

第2步：根据图纸信息，完成12～13层模型创建。

第3步：通过**成果导出**中**整栋三维**来检查模型（图2.1-28、图2.1-29）。

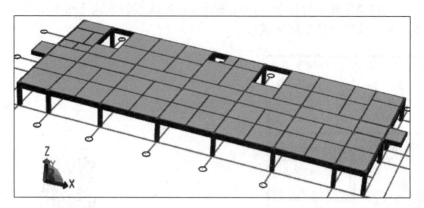

图 2.1-26 本层三维显示（梁、板、柱）

图 2.1-27 楼层复制（梁、板、柱）

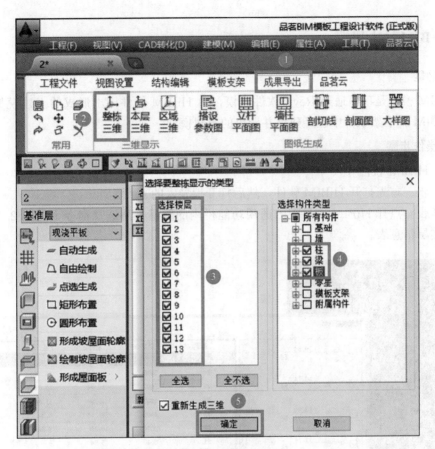

图 2.1-28 三维显示设置

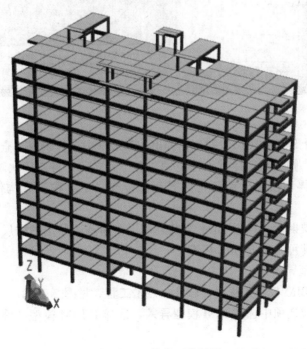

图 2.1-29 整栋三维显示

1.3　P-BIM导入建模

1. 功能

P-BIM 模型是项目通过 Revit 软件建模，由 HiBIM 软件导出形成的土建模型；也可以是在 BIM 脚手架软件中已经建立并导出的土建模型。

2. 操作步骤

（1）HiBIM 软件导入

第1步：首先打开 HiBIM 软件，然后打开拟导入的 rvt 模型。

第2步：点开 HiBIM 软件中的**通用功能**栏内的**算量楼层选择**命令，见图 2.1-30，核对算量楼层信息表。

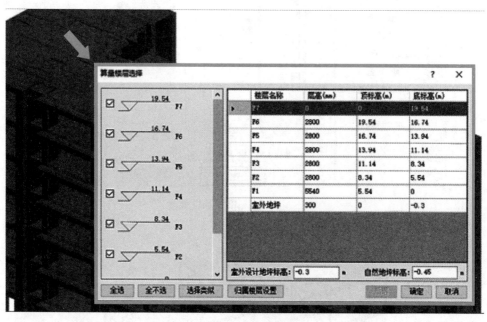

图 2.1-30　算量楼层选择

第3步：点击土建构件类型映射，在弹出的对话框中选择映射（查看未识别构件，如果存在未识别构件，则手动选择其构件类型，选择完之后，再点一次映射，见图 2.1-31；无未识别构件后，再切换至已识别构件界面，检查一下结构模型构件类型是否映射正确）。

第4步：完成映射后，点击 BIM 导出命令，选择需要导出的楼层，见图 2.1-32，选择完成后点击**确认**即可导出 P-BIM 模型。

（2）P-BIM 模型导入

第1步：打开 BIM 模板工程设计软件，点击**工程**，见图 2.1-33。

第2步：在下拉选项中选择 **BIM 模型导入**，选择 P-BIM 模型文件，选择**覆盖性导入**即可完成。

第3步：点击**整栋三维显示**，检查模型的完整性。

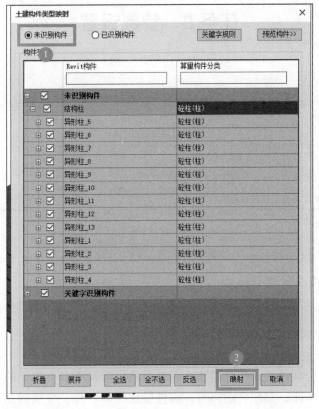

图 2.1-31　土建构件类型映射

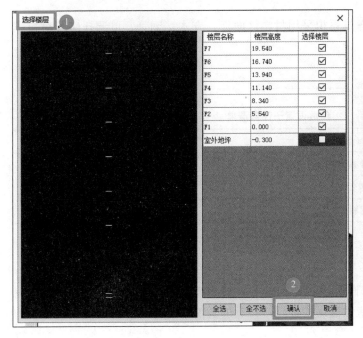

图 2.1-32　选择楼层

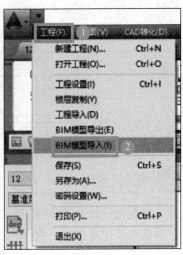

图 2.1-33　P-BIM 模型导入

任务 2 参数设置

能力目标

参数设置能力目标   表 2.2-1

参数设置	1. 能设置模板工程的计算参数
	2. 能设置模板工程的构造做法
	3. 能设置模板工程的材料参数

概念导入

1. 计算参数

模板计算参数是指模板工程安全计算相关参数，包括模板支撑架的类型、计算依据、风荷载、混凝土施工荷载及地基情况等。

2. 构造做法

构造做法包含公共做法和构件做法。公共做法指涉及所有支撑架的参数设置，如盘扣架中的节点模数、步距、扫地杆距离等；构件做法有墙、柱、梁板的面板、小梁、主梁及支撑参数化设置及三维显示等。

3. 材料参数

材料参数是指模板工程支撑体系拟采用材料（面板、方木、钢管、可调托座及对拉螺栓等）的材料属性。

子任务清单

参数设置子任务清单   表 2.2-2

序号	子任务项目	备注
1	计算参数设置	
2	构造做法设置	
3	材料参数设置	

任务分析

参数化设计是 BIM 模板工程设计软件的核心。模板工程的参数设置包括计算参数、材料参数及构造做法，其中构造做法是模板软件特有的功能，也是初学者学习模板工程的便捷工具。

2.1 计算参数设置

1. 功能

架体参数设置是进行模板支撑架布置的前提，包括计算参数设置、构造做法设置和材料参数设置。在设置参数时需要了解工程背景、现行的技术规程等要求，如果架体参数发生改变，软件将会重新布置架体。

2. 操作步骤

（1）设置基本信息

第1步：新建工程，根据工程信息，选择模板工程类型（图 2.2-1）。

计算参数设置

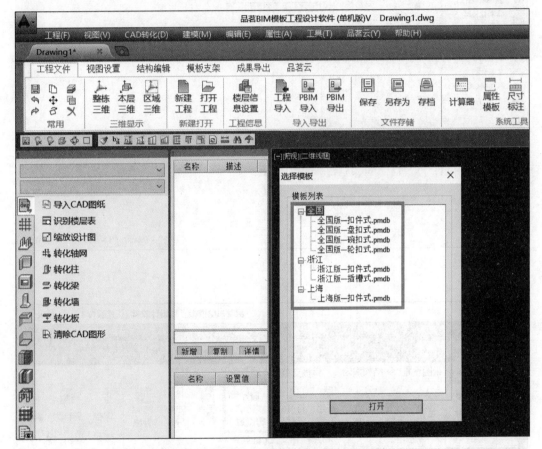

图 2.2-1　模板类型选择

第2步：在**新建工程向导**中设置**工程信息**，见图 2.2-2，将工程基本信息输入，也可在图 2.2-3 中楼层信息设置中完成设置。

（2）设置计算参数

第1步：结合工程特征，设置计算参数，见图 2.2-4。

第2步：根据工程地域和架体类型，选择计算依据，见图 2.2-5。

第3步：根据工程特征，选择模板工程所在地。

图 2.2-2　工程信息

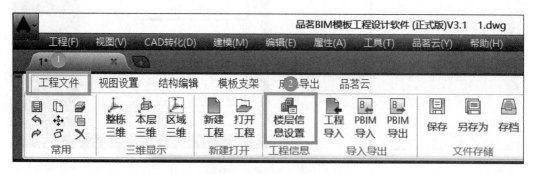

图 2.2-3　楼层信息设置

第 4 步：选择风压重现期，考虑到模板使用周期一般都较短，少则几个月，多则 1~2 年，一般工程的脚手架风压选择 10 年一遇。

第 5 步：根据工程所在地点选择地面粗糙度类别。

第 6 步：根据工程特点和规范要求，设置风荷载、自重及施工荷载、混凝土侧压力标准值、地基基础、斜立杆等具体参数。

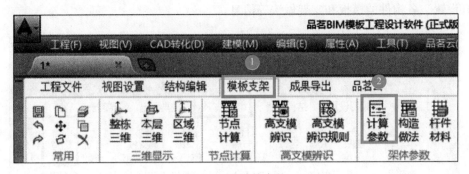

图 2.2-4　计算参数

计算参数

架体类型：　盘扣式

计算规范：　《建筑施工承插型盘扣式钢管脚手架安全技术标准》JGJ/T 231-2021　①

省市：　云南　　　曲靖市沾益　②

风压重现期：　10年一遇

基本风压ω0(kN/m2)：　0.25　　地面粗糙程度：　C类(有密集建筑群市区)　④

结构表面要求：　③向表面外露

☑ 考虑风荷载　　　　　　☐ 架体抗倾覆验算
☐ 荷载系数自定义　　　　☐ 荷载系数参考《建筑结构可靠性设计统一标准》GB50068-2018

| 风荷载 | 自重及施工荷载 | 混凝土侧压力标准值 | 地基基础 | 斜立杆 | 其它 |

属性名称	设置值
模板支架顶部离建筑物地面的高度(m)	按具体构件取值　⑤
风压高度变化系数μz	按具体构件取值
风荷载体型系数μs	0.8
风荷载标准值ωk(kN/m2)	按具体构件取值

确定

图 2.2-5　计算参数设置

2.2　构造做法设置

1. 功能

构造做法设置（图 2.2-6）是模板工程参数设置的主要内容，包括模板工程的公共做法和构件做法。确定架体智能布置中模板支撑架架体的构造、立杆边界做法和板洞减扣、斜立杆设置、各构件的模板和支架做法等信息。

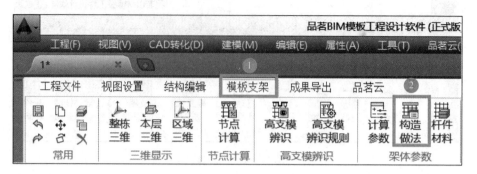

图 2.2-6　构造做法设置

2. 操作步骤

（1）设置公共做法（图 2.2-7）

第 1 步：设置架体步距、扫地杆高度。

第 2 步：调整立杆边界，修正立杆到梁边、墙边、柱边的距离范围，选择是否设置斜立杆。

第 3 步：调整板洞扣减原则。

第 4 步：调整构件模板和支架的做法。

构造做法		
公共做法 ① 构件做法		
架体构造	**立杆边界** ③	
步距　1500	立杆到梁边的距离　200,500	
扫地杆高度　200	立杆到墙边的距离　200,400	
底座类　木垫板	立杆到柱边的距离　200,400	
立杆伸出顶层水平杆中心线至支撑点的长度a(mm)：　200	立杆超出结构边缘距离 >　300　mm 时向下延伸布置	
高低跨衔接水平杆交叉延伸跨数(　0	**板洞扣减**	
②	板洞模板扣减单边最小值　300	
	板洞模板支架扣减单边最小值　1500　④	
	斜立杆	
	是否设置边梁斜立　否　⑤	

图 2.2-7　构造公共做法设置

（2）设置构件做法

第 1 步：墙做法设置。如图 2.2-8 所示，分别选用面板、小梁、主梁和对拉螺栓的材料并选取设置值。

第 2 步：柱做法设置。如图 2.2-9 所示，按矩形柱、圆形柱和异形柱类型分别选用面板、小梁、柱箍和对拉螺栓进行设置。

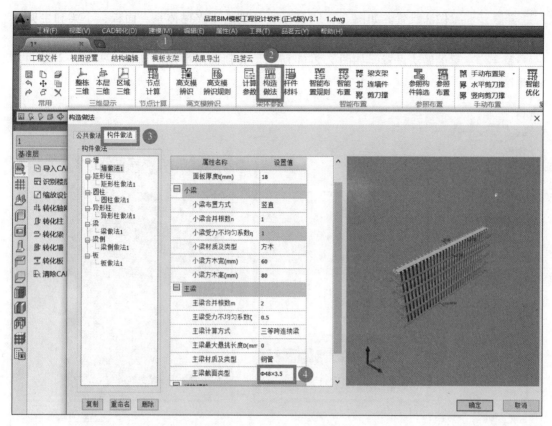

图 2.2-8　墙做法设置

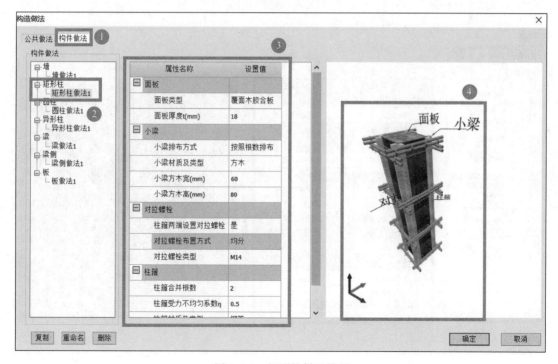

图 2.2-9　矩形柱做法设置

第**3**步：梁做法设置。如图 2.2-10 所示，分别选用支撑体系、面板、小梁和主梁的材料并选取设置值。

第**4**步：梁侧做法设置。如图 2.2-11 所示，分别选用梁侧的面板、小梁、主梁和对拉螺栓。

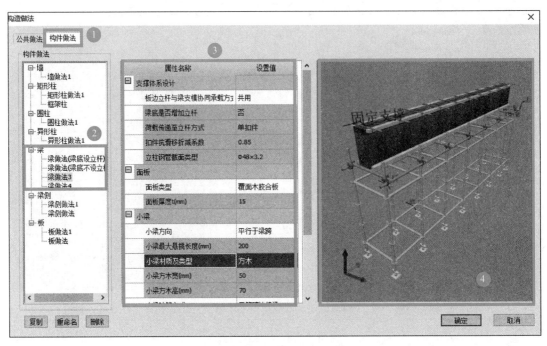

图 2.2-10　梁做法设置

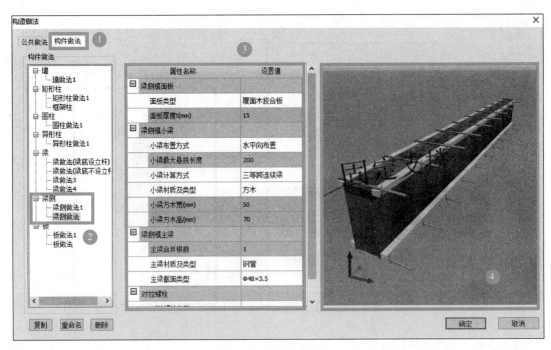

图 2.2-11　梁侧做法设置

第5步：板做法设置。如图2.2-12所示，分别选用支撑体系、面板、小梁和主梁材料及选取设置值。

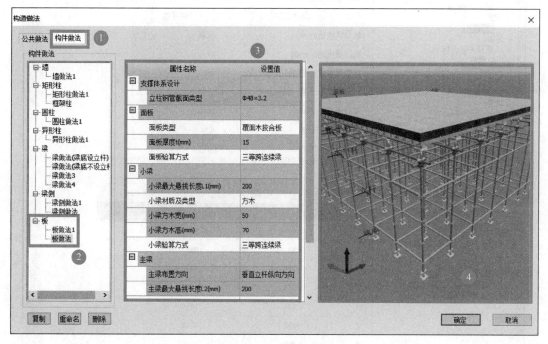

图2.2-12 板做法设置

2.3 材料参数设置

1. 功能

工程设置中的杆件材料，包括模板工程中的模板材料和支架材料。这里可对材料型号及相关参数进行增加、修改和删除。

2. 操作步骤

第1步：如图2.2-13所示，根据杆件所在位置，修改杆件材质、类型和截面等参数。

图2.2-13 杆件材料选项

第2步：根据工程中所使用的杆件材料，点击**杆件材料**，进行选用（图2.2-14）。

第3步：对材料型号及相关参数进行添加、修改和删除，并对常用材料型号进行排

图 2.2-14 杆件材料选用

序，软件会根据排序顺序优先选择。

第 4 步：其他位置和种类的杆件选用，同上面设置。

任务 3　模架布置

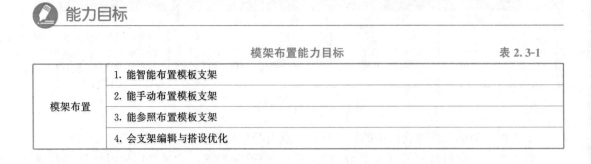

能力目标

模架布置能力目标　　　　表 2.3-1

模架布置	1. 能智能布置模板支架
	2. 能手动布置模板支架
	3. 能参照布置模板支架
	4. 会支架编辑与搭设优化

概念导入

1. 智能布置模板支架

智能布置模板支架是通过智能布置的方式，完成梁、板、柱模板支架的布置和剪刀撑、连墙件的布置，并实现智能优化的一种模板支架布置形式。

2. 手动布置模板支架

手动布置模板支架是通过分别选定指定梁、板、柱、墙和楼梯等构件进行梁立杆、梁侧模板、板立杆、柱模板、墙模板、墙洞模板和楼梯立杆布置。

3. 参照布置模板支架

参照布置是与传统布置比较接近的一种方式。先对构件分别进行筛选，选取若干种典型构件，可对典型构件进行节点计算，其他构件可依据典型构件参照布置。

4. 支架编辑与搭设优化

支架编辑与搭设优化是通过修改水平杆线条来实现对模板支架进行调整，同时通过梁底水平杆、梁侧水平杆、板底水平杆来区分杆件的类型，在线条的交叉点自动生成夹点，把夹点变成立杆，再经过安全复核和搭接关系优化来完成支架的优化布置。

子任务清单

模架布置子任务清单   表 2.3-2

序号	子任务项目	备注
1	智能布置	
2	手动布置	
3	参照布置	
4	支架编辑与搭设优化	

任务分析

模架布置有智能布置、手动布置和参照布置三种形式。智能布置是最智能化的布置形式，适合尺寸规整、变化不大的构件；手动布置适合在实现智能布置后对特殊尺寸构件或安全复核不通过构件的编辑；参照布置是先选取若干种典型构件，可对典型构件进行节点计算，其他构件可依据典型构件参照布置。

3.1 智能布置

1. 功能

软件通过内置计算引擎和布置引擎，实现对已建结构模型智能布置模板支架的功能，能够极大地提升模板工程设计的工作效率。

2. 操作步骤

第 1 步：选定要操作的标准层。点击智能布置选项（图 2.3-1），点击**智能布置规则**，

智能布置

设置参数取值和构造设置。

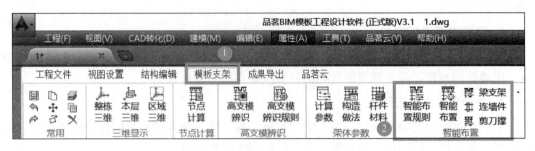

图 2.3-1 智能布置选项

第 2 步：参数取值设置。见图 2.3-2，修改**梁底立杆纵向间距范围**，默认值为“300，1200”，这里表示其间距范围为 300～1200mm，对于高支模等有更高要求的，可进行更改，其他参数根据实际工程需要类似设置。

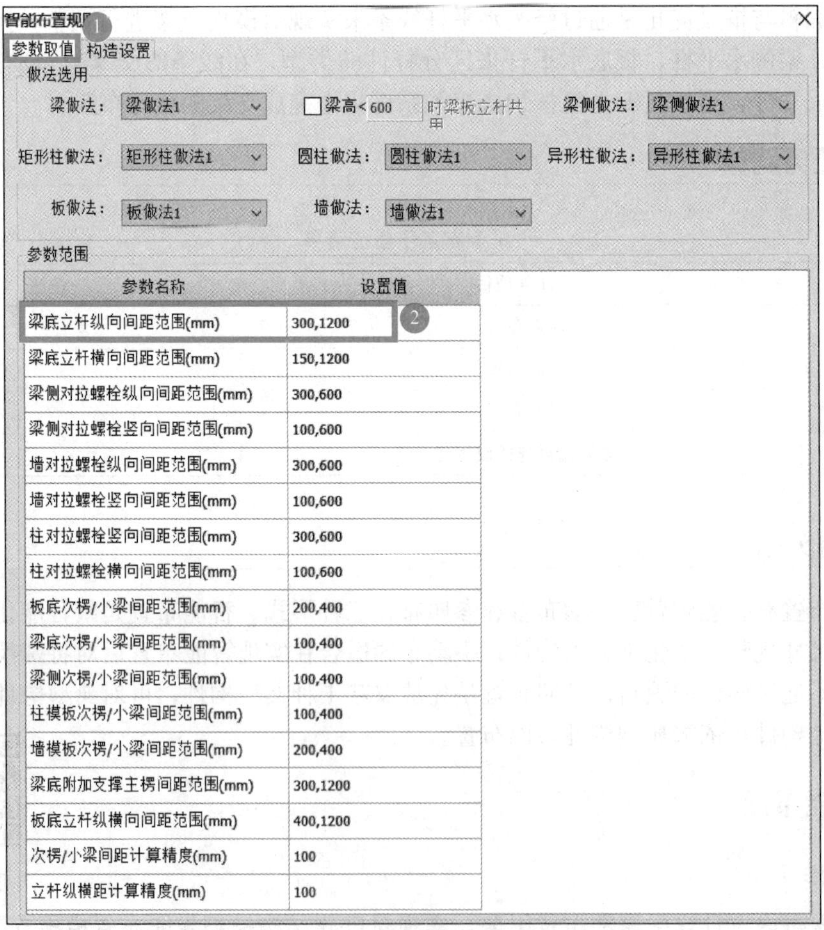

参数名称	设置值
梁底立杆纵向间距范围(mm)	300,1200
梁底立杆横向间距范围(mm)	150,1200
梁侧对拉螺栓纵向间距范围(mm)	300,600
梁侧对拉螺栓竖向间距范围(mm)	100,600
墙对拉螺栓纵向间距范围(mm)	300,600
墙对拉螺栓竖向间距范围(mm)	100,600
柱对拉螺栓竖向间距范围(mm)	300,600
柱对拉螺栓横向间距范围(mm)	100,600
板底次楞/小梁间距范围(mm)	200,400
梁底次楞/小梁间距范围(mm)	100,400
梁侧次楞/小梁间距范围(mm)	100,400
柱模板次楞/小梁间距范围(mm)	100,400
墙模板次楞/小梁间距范围(mm)	200,400
梁底附加支撑主楞间距范围(mm)	300,1200
板底立杆纵横向间距范围(mm)	400,1200
次楞/小梁间距计算精度(mm)	100
立杆纵横距计算精度(mm)	100

图 2.3-2 智能布置参数取值设置

第 3 步：构造设置。见图 2.3-3，修改梁侧模、梁底模架构造做法，选择板底立杆排布规则，设置首道对拉螺栓在墙、柱的位置和柱帽立杆的加密形式。

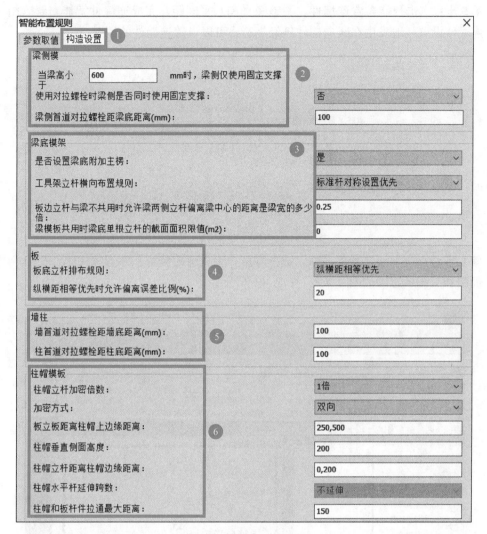

图 2.3-3　智能布置构造设置

第 4 步：如图 2.3-4 所示，分别点击智能布置**梁支架、板支架、柱支架**和**墙支架**，框选所有构件，完成模板支架智能布置。

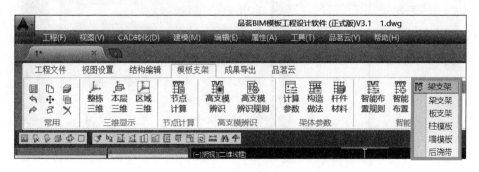

图 2.3-4　智能布置梁、板、柱、墙

第5步：点击智能布置**连墙件**，调整竖直和水平间距，完成连墙件智能布置（图2.3-5）。连墙件设置一般发生在竖向构件已经浇筑或可以设置连墙件的情况。

图2.3-5　连墙件智能布置

第6步：点击智能布置**剪刀撑**，选择**本层**，完成剪刀撑智能布置（图2.3-6）。智能布置平面图和三维示意图如图2.3-7、图2.3-8所示。

图2.3-6　剪刀撑智能布置

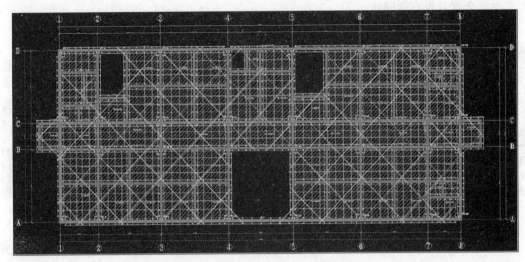

图 2.3-7　模板支架智能布置平面图

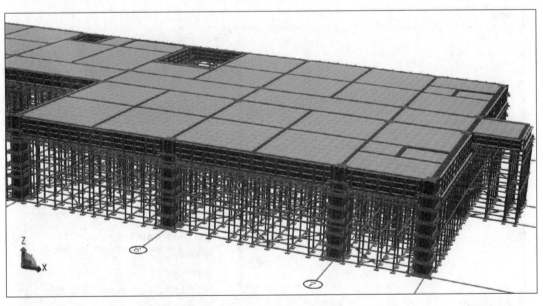

图 2.3-8　模板支架智能布置部分模型三维示意图

手动布置

3.2　手动布置

1. 功能

手动布置可以对智能布置的模板支架进行调整、修改和重设等操作，可以作为智能布置模板支架的优化。手动布置适合于局部布设，如单根柱、墙、梁、板和楼梯等。

2. 操作步骤

（1）手动布置梁立杆

第1步：点击手动布置**梁立杆**（图 2.3-9），根据提示选择要布置的梁，也可通过框选形式批量布置，点右键确认。

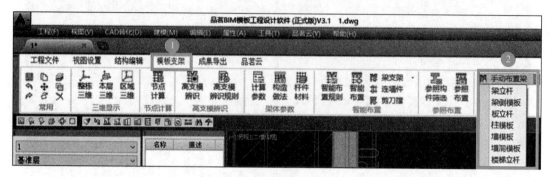

图 2.3-9　手动布置选项

第 2 步：选择底模支架做法、传力方式和架体间距，对参数进行确认，完成布置（图 2.3-10）。

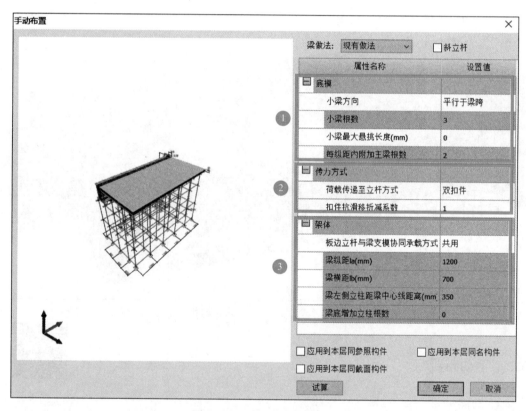

图 2.3-10　梁立杆手动布置

（2）手动布置梁侧模板

第 1 步：点击手动布置**梁侧模板**（图 2.3-9），根据提示选择要布置的梁，也可通过框选形式批量布置，点右键确认。

第 2 步：选择梁侧模板做法，特别说明，这里的梁侧模板支撑形式有对拉螺栓和固定支撑两种，如图2.3-11所示，可根据工程需要进行选择，同时要调整支撑和梁底的位置关系。

第3步：对参数进行确认，完成布置。

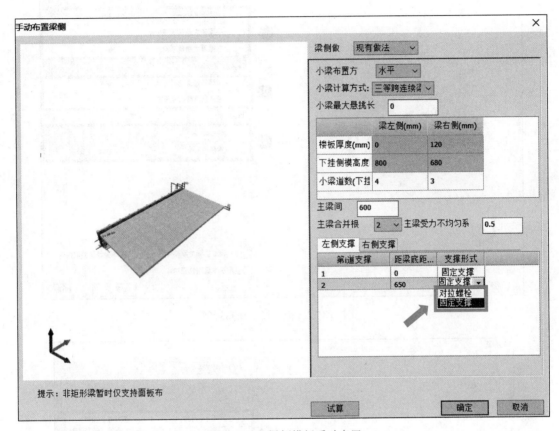

图2.3-11　梁侧模板手动布置

（3）手动布置板立杆

第1步：点击手动布置**板立杆**（图2.3-9），点选或者框选要布置的板，点右键确认。

第2步：对板进行立杆布置，在图中绘制立杆、水平杆等。

第3步：修改板立杆间距（图2.3-12），对参数进行确认，完成布置。

（4）手动布置柱模板和墙模板

第1步：点击手动布置**柱模板**（图2.3-9），点选或者框选要布置的柱，点右键确认。

第2步：对柱模板进行参数设置，见图2.3-13。在这里可以调整柱箍的非等分间距。

第3步："手动布置墙模板"同"手动布置柱模板"设置。

（5）手动布置水平剪刀撑和竖向剪刀撑

第1步：点击手动布置**水平剪刀撑**和手动布置**竖向剪刀撑**，选择立杆。

第2步：修改布置规则，如图2.3-14、图2.3-15所示。

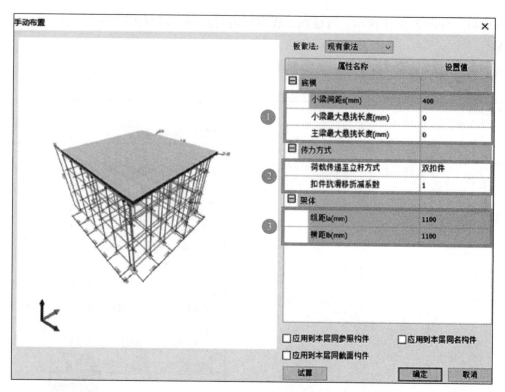

图 2.3-12　板立杆手动布置

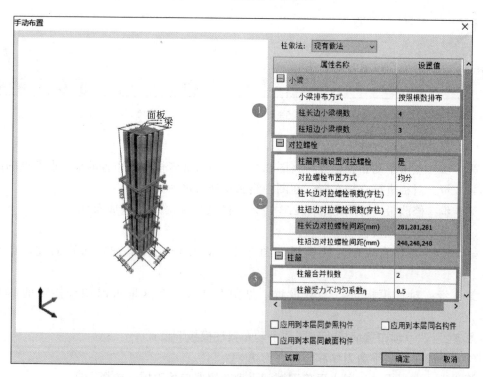

图 2.3-13　柱模板手动布置

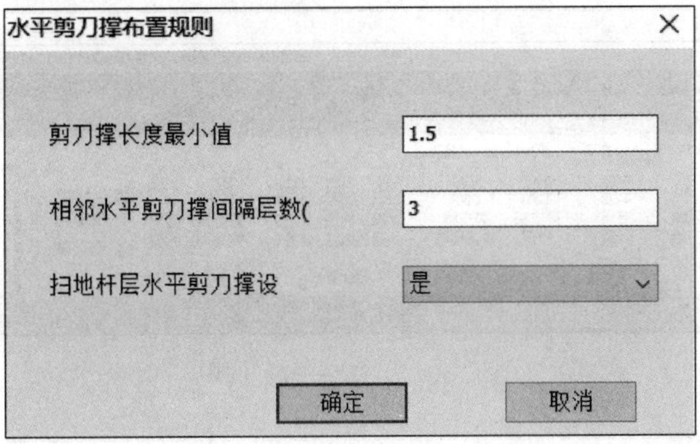

图 2.3-14　水平剪刀撑布置原则

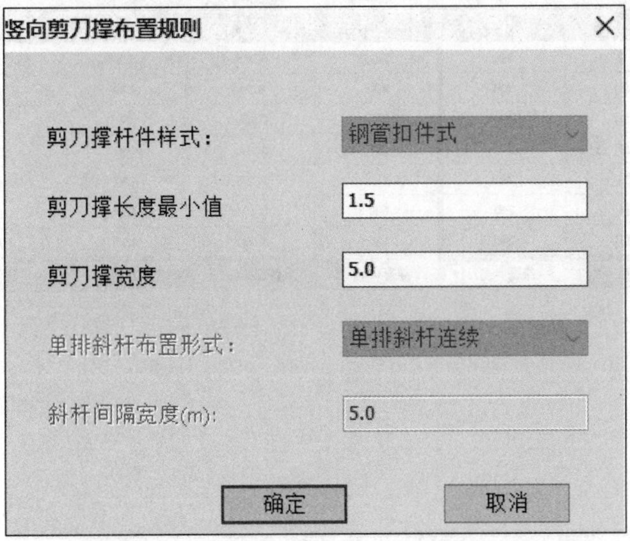

图 2.3-15　竖向剪刀撑布置原则

3.3　参照布置

1. 功能

参照布置是介于智能布置和手动布置之间的一种布架方式，包括参照构件筛选、节点计算和参照布置。

2. 操作步骤

（1）参照构件筛选

第 1 步：点击模板支架下参照布置中的参照构件筛选（图 2.3-16）。

第 2 步：选择梁、梁侧、板、墙、柱中的任一构件，对构件的不同截面进行典型截面设置（图 2.3-17）。

第 3 步：通过增加、删除、导出、重新统计等命令，可以编辑参照构件，并导出统计表。

图 2.3-16　参照布置选项

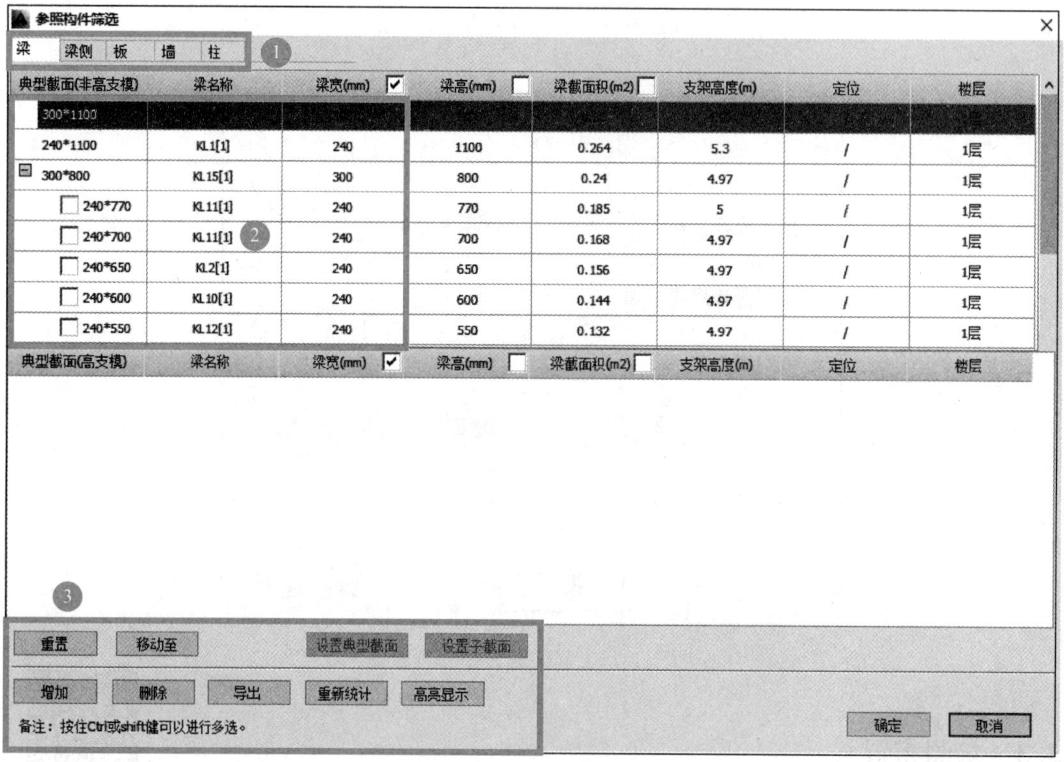

图 2.3-17　参照构件筛选

（2）节点计算

第 1 步： 在**模板支架**中点击**节点计算**，如图 2.3-18 所示。

第 2 步： 如图 2.3-19 所示，在左侧构件属性区①设置构件的名称、位置和尺寸。

第 3 步： 如图 2.3-19 所示，在右侧构件支架设置区②选取支架材料和设置值。在中间三维显示区③随时查看构件支架布设、拍照。

第 4 步： 如图 2.3-19 所示，根据模板支架的布设情况，试算节点计算是否安全。在④中可以导出计算书、图纸和审核表等。

（3）参照布置

第 1 步： 在模板支架下点击**参照布置**，如图 2.3-20 所示，在①中选择构件类型。

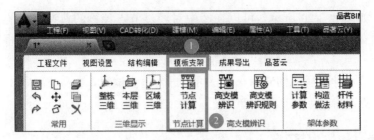

图 2.3-18　节点计算选项

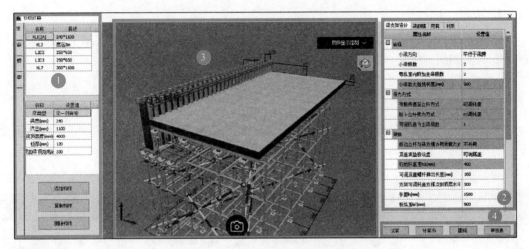

图 2.3-19　节点计算操作界面图

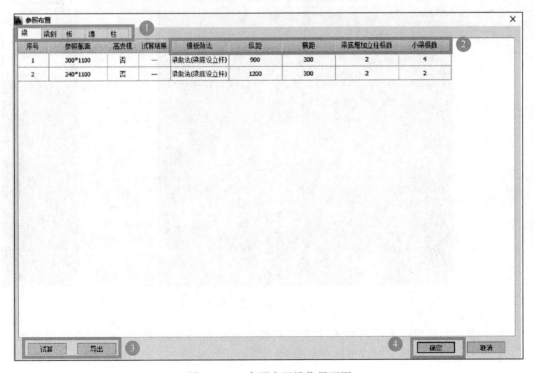

图 2.3-20　参照布置操作界面图

第 2 步：如图 2.3-20 所示，可以在②中对经过节点计算的典型截面的支架设置进行调整。如梁底支架的设置，可以对模板做法、纵距、横距、梁底增加立柱根数及小梁根数进行调整。

第 3 步：节点计算后的构件如有调整可以进行再次**试算**，并**导出**计算书。

第 4 步：点击**确定**，完成参照布置。

3.4 支架编辑与搭设优化

1. 功能

模板支架编辑与搭设优化是在完成智能布置和手动布置后，对模板支架平面布置进行进一步调整和细部优化。

2. 操作步骤

（1）模板支架编辑

第 1 步：点击**支架编辑**（图 2.3-21），在**模板支架编辑**一栏中点击各项分别对模板支架进行手动编辑和修改（图 2.3-21 中②处）。

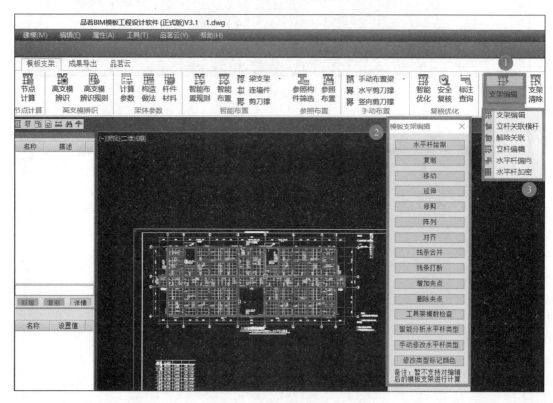

图 2.3-21　模板支架编辑

第 2 步：通过修改**水平杆绘制**来实现对模板支架进行手动调整，同时通过梁底水平杆、梁侧水平杆、板底水平杆来区分杆件的类型，在线条的交叉点自动生成夹点，把夹点变成立杆。

第3步：点击**立杆编辑、立杆关联横杆、解除关联、水平杆偏向、水平杆加密**功能对模板支架进行手动调整编辑（图2.3-21中③处）。

第4步：点击**构件删除**（图2.3-22），选择要删除的构件（如水平杆），框选包含该构件的部分，点右键确认，多次调整后完成支架布置。

（2）模板设计安全复核

第1步：点击**安全复核**，框选需要进行复核的部位，点右键确认，然后选择要复核的构件类型（图2.3-23）。

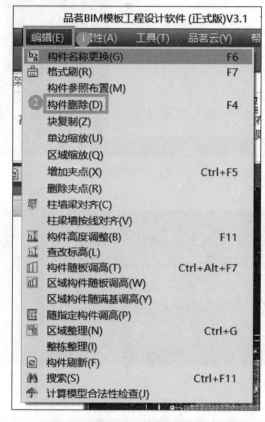

图2.3-22　构件删除

图2.3-23　安全复核

第2步：如图2.3-24所示，有1根梁未通过安全复核，双击汇总表中KL1，快速定位未通过安全复核的梁段，通过**手动布置梁侧模板**，选择该根梁，改变参数，进行重新布置。

第3步：重新进行**安全复核**，直至通过。

（3）优化梁板立杆搭接关系

第1步：梁板交接处水平杆多处未拉通布置，可以通过**智能优化**命令进行优化。

第2步：点击**智能优化**，框选要优化的部位，点右键确认。优化前后对比如图2.3-25和图2.3-26所示。

（4）高支模辨识

第1步：确认**高支模辨识**规则，点击**高支模辨识**，按需要选择查找方式，这里选择**整**

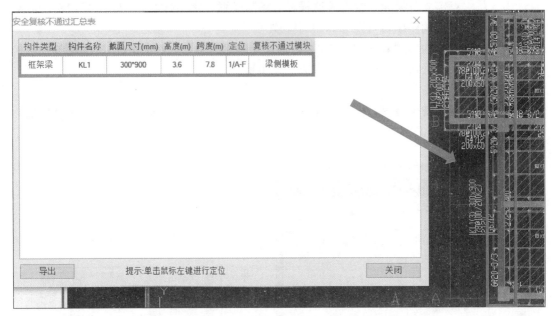

图 2.3-24　复核结果

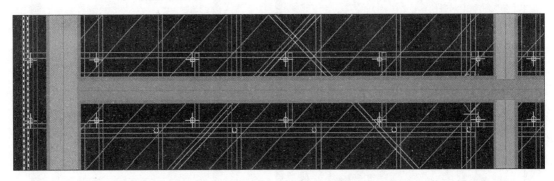

图 2.3-25　优化前

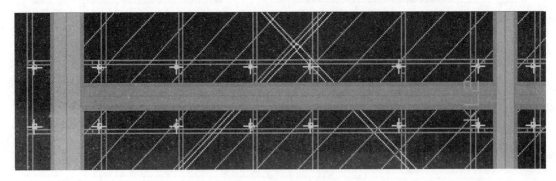

图 2.3-26　优化后

栋，除了楼梯处（因模型中开洞处理，可忽略），如图 2.3-27 所示，由于下层开洞，上层支架搭设高度超过 8m，该区域为高支模区域。

第 **2** 步：找到高支模区域所在楼层，选择查找方式**本层**，在**高支模区域汇总表**对话框里出现高支模区域内所有构件信息。

第 **3** 步：点击单个构件信息，视图区中对应构件会呈红色。

第 **4** 步：在模板支架整体布置后，对高支模区域进行调整。打开**智能布置规则**中的**参数取值**，根据工程需要修改梁底、板底立杆纵横向间距，这里最大值均改为 900。

第 **5** 步：对高支模区域的梁、板的模板支架进行重新智能布置，最后进行智能优化。

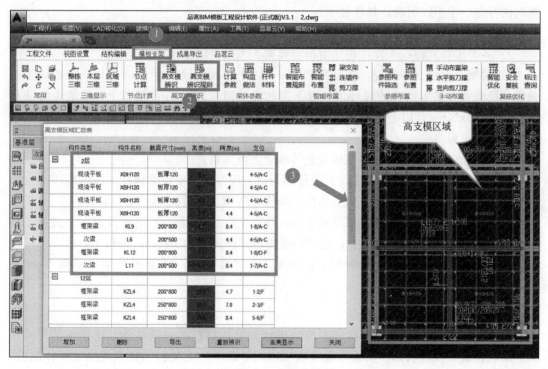

图 2.3-27 高支模辨识

任务 **4** 成果生成

能力目标

成果生成能力目标   表 2.4-1

	1. 能配模配置、输出模板配置成果
	2. 能模架配置、输出模架配置成果
成果生成	3. 能导出施工方案、计算书
	4. 能展示三维模拟成果

概念导入

1. 高支模范围辨识规定

2018 年 3 月 8 日住房和城乡建设部印发《危险性较大的分部分项工程安全管理规定》（住房和城乡建设部令第 37 号）。2018 年 5 月 17 日住房和城乡建设部办公厅印发《关于实施〈危险性较大的分部分项工程安全管理规定〉有关问题的通知》（建办质〔2018〕31 号），对住房和城乡建设部令第 37 号中关于危险性较大的分部分项工程范围和专项施工方案的内容进一步予以明确，具体如下。

（1）危险性较大的分部分项工程范围（模板工程及支撑体系）

1）各类工具式模板工程：包括滑模、爬模、飞模、隧道模等工程。

2）混凝土模板支撑工程：搭设高度 5m 及以上，或搭设跨度 10m 及以上，或施工总荷载（荷载效应基本组合的设计值，以下简称设计值）10kN/m² 及以上，或集中线荷载（设计值）15kN/m 及以上，或高度大于支撑水平投影宽度且相对独立无联系构件的混凝土模板支撑工程。

3）承重支撑体系：用于钢结构安装等满堂支撑体系。

（2）超过一定规模的危险性较大的分部分项工程范围（模板工程及支撑体系）

1）各类工具式模板工程：包括滑模、爬模、飞模、隧道模等工程。

2）混凝土模板支撑工程：搭设高度 8m 及以上，或搭设跨度 18m 及以上，或施工总荷载（设计值）15kN/m² 及以上，或集中线荷载（设计值）20kN/m 及以上。

3）承重支撑体系：用于钢结构安装等满堂支撑体系，承受单点集中荷载 7kN 及以上。

2. 配模配架

配模配架是 BIM 模板工程软件为统计模板和架体材料的一项功能。配模包括配模规则、周转设置、模板规则、模板设置及成果输出等选项。配架包括配架规则、架体配置、架体配置图和架体配置表选项。

 子任务清单

成果生成子任务清单　　　　　　　　　　　　　　　　　　　表 2.4-2

序号	子任务项目	备注
1	模板配置	
2	模架配置	
3	施工方案、计算书导出	
4	模拟成果展示	

任务分析

BIM 模板工程软件的成果输出除包括模板施工方案、计算书、施工图纸、三维截图和施工视频外，还可以输出模板的配板施工图及统计材料、架体的配架图及架体材料统计。

4.1 模板配置

1. 功能

模板配置选项中包括配模规则、周转设置等8个选项，配模规则可以对配模的总体规则进行设置，并对模板成品规格、梁下模板分割方式、切割损耗率、水平模板配模方式等模板配置具体做法做出调整。

2. 操作步骤

（1）配模规则

第1步：点击**配模选项**（图2.4-1的①处），选择**配模规则**（图2.4-1的②处）进行修改。

第2步：双击**模板成品规格**一栏中**设置值**处，对标准板尺寸进行修改。

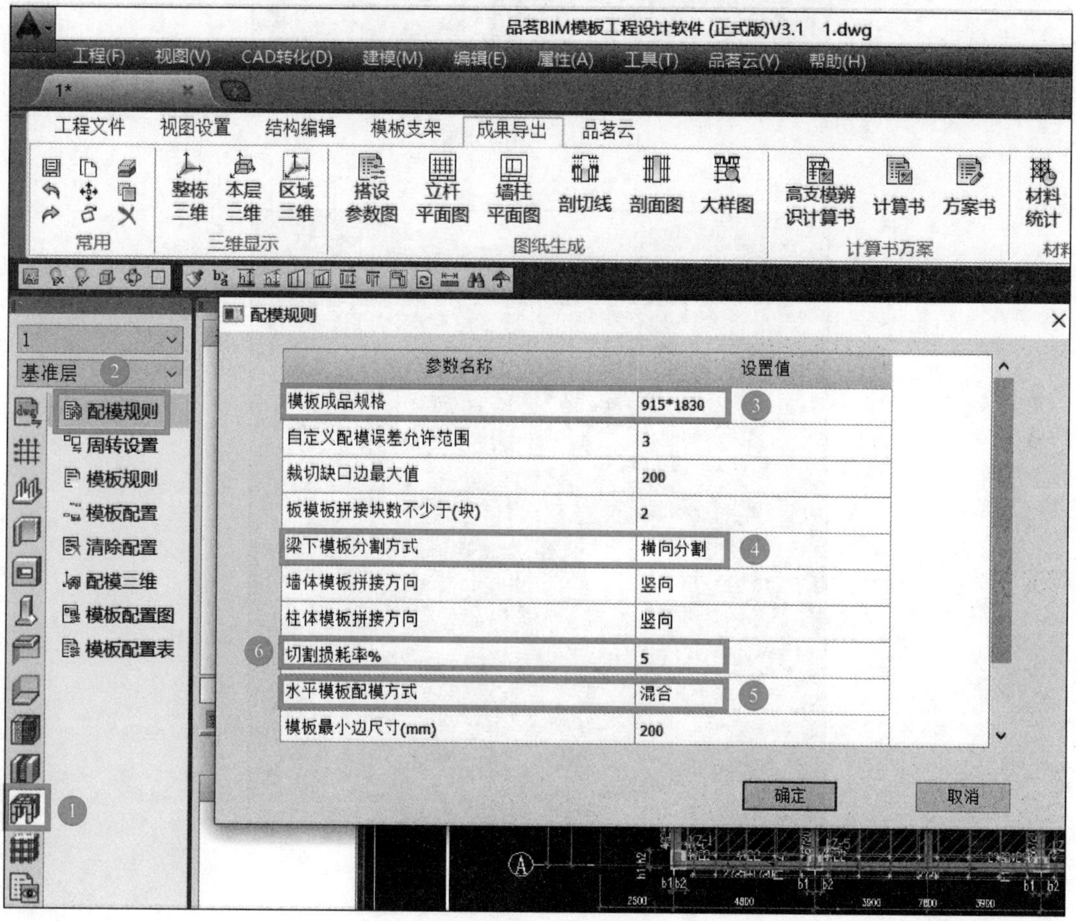

配模规则

图 2.4-1　配模规则

第3步：**梁下模板分割方式**有三种，其中横向分割见图2.4-2，竖向分割见图2.4-3，凹形分割见图2.4-4。对分割方式进行选择。

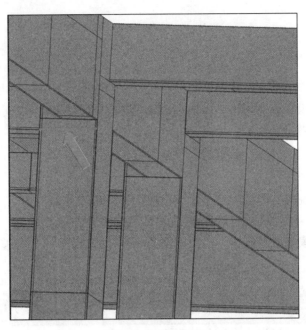

图 2.4-2　横向分割

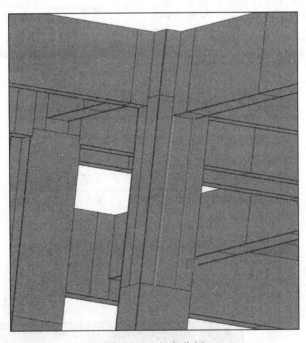

图 2.4-3　竖向分割

第 4 步：**水平模板配模方式**有两种，其中单向配模方式见图 2.4-5，纵横向混合配模方式见图 2.4-6。对水平模板配模方式进行选择。

第 5 步：修改切割损耗率数值。**切割损耗率**为非标准板切割的损耗，在总量计算中会自动考虑损耗系数（图 2.4-7）。

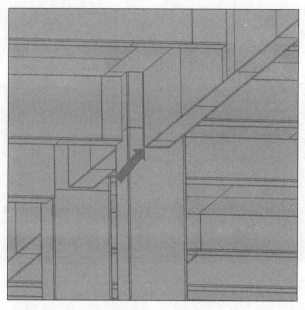

图 2.4-4　凹形分割

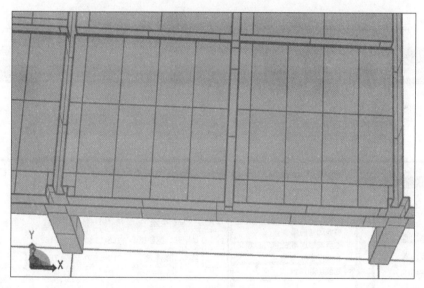

图 2.4-5　单向配模方式

第 6 步：点击**模板规则**，出现**模板规则修改**选项框（图 2.4-8），可通过**自由选择**进行点选或者框选要修改的部位，为了避免选择干扰，也可以点选相应构件后再进行选择。选择完毕，出现**模板修改**对话框，输入相应数值，确认完成。

（2）周转设置

通过模板配置操作对模板进行配置的总体规则进行设置，生成模板配置图、模板配置表和三维配模图等成果。

第 1 步：点击**周转设置**，出现图 2.4-9 所示对话框，对每种构件分别设

周转设置

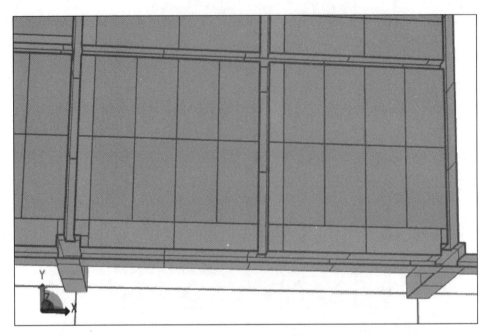

图 2.4-6　纵横向混合配模方式

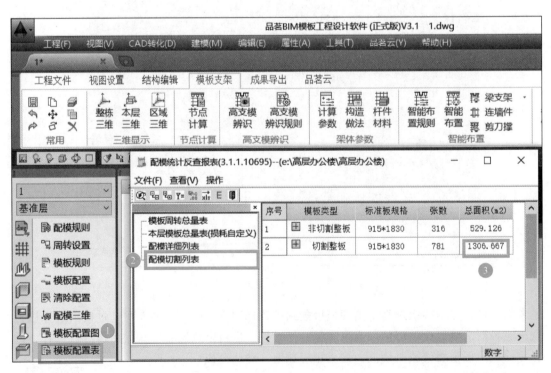

图 2.4-7　模板配置表

置模板周转方式。

　　第 2 步：点击**模板配置**，如图 2.4-10 所示，选择模板的配置方式。既可以仅对本层

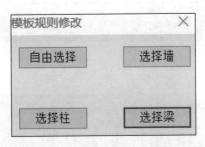

图 2.4-8　模板规则修改

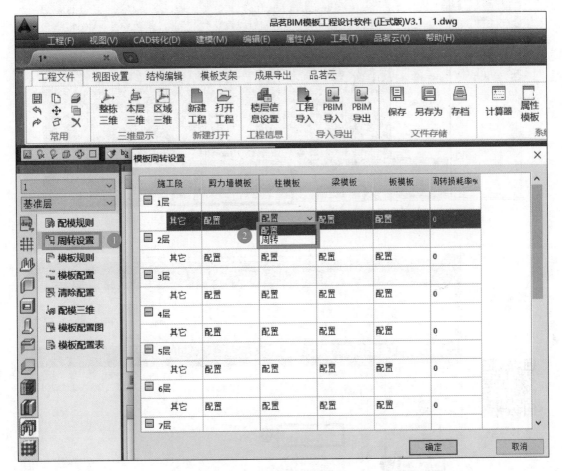

图 2.4-9　模板周转设置

进行模板配置，也可以在配置设置相同的前提下对整栋楼进行模板配置；既可以通过**自由选择**选择局部进行模板配置，也可以按照施工段进行模板配置。办公大楼项目这里可以对整栋楼进行模板配置。

（3）成果生成

第1步：点击**配模三维**，出现如图 2.4-11 所示**查看配模图**对话框，查看整层的三维配模图（图 2.4-12）。通过勾选构件左侧的方框，单独查看相应构件的模板的三维显示（图 2.4-11）。

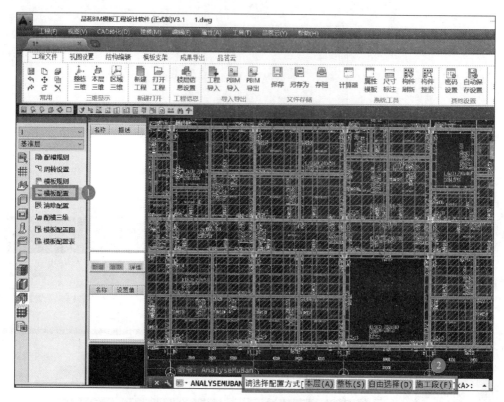

图 2.4-10　模板配置

配模三维

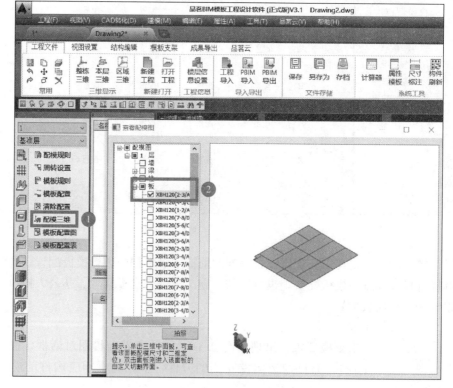

图 2.4-11　配模三维

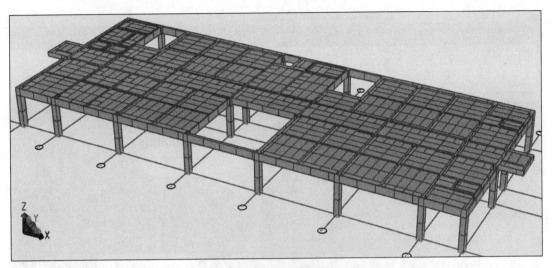

图 2.4-12　三维配模图展示

第 2 步：在三维配模图中，双击需手工调整的配模单元，进入配模修改界面——**自定义模板**对话框（图 2.4-13）。点击**绘制切割线**对模板内部分割进行修改，并点击**执行切割**；点击**绘制轮廓线**，修改配模单元的外部轮廓线；如对修改后结果不满意，可点击**恢复默认**，最后点**确定**完成。

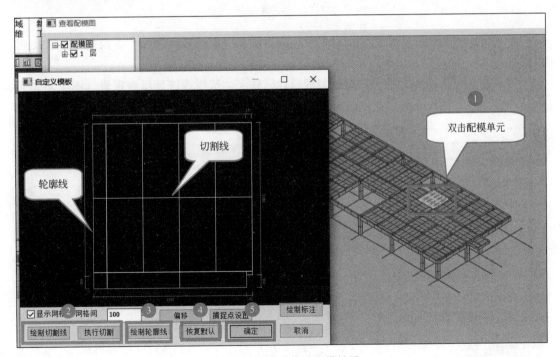

图 2.4-13　手动修改配模结果

第 3 步：点击**模板配置图**，根据需要选择导出方式，这里选择导出**本层**模板配置图，导出结果见图 2.4-14。

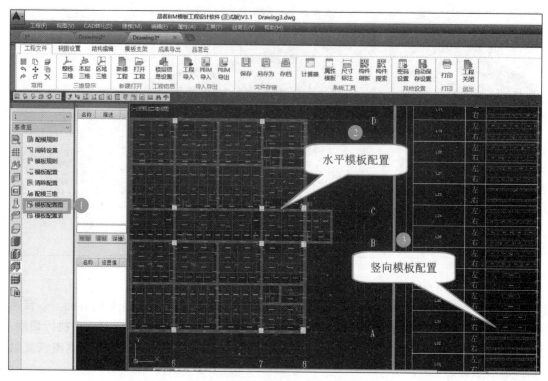

图 2.4-14　模板配置图生成

第 4 步：本层模板配置图包括水平模板配置图和竖向模板配置图，本层模板配置图可以保存为 dwg 格式以便工程使用。

第 5 步：点击**模板配置表**，模板工程设计软件会生成**配模统计反查报表**（图 2.4-15），包括四个部分：模板周转总量表、本层模板总量表、配模详细列表、配模切割列表。

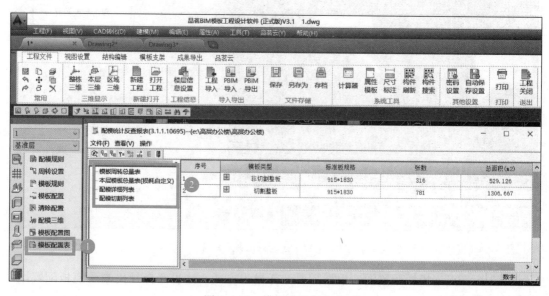

图 2.4-15　模板配置表生成

4.2 模架配置

1. 功能

模架配置选项中包括配架规则、架体配置、架体配置图和架体配置表。

2. 操作步骤

（1）配架设置

第1步：点击图 2.4-16 中①处的**配架**，点击**配架规则**。

第2步：设置架体的剪刀撑、水平杆等信息，如图 2.4-17 所示。

第3步：点击图 2.4-16 中①处的**配架**，点击**架体配置**。

第4步：选择配架楼层和施工段，如图 2.4-18 所示。点击**编辑现有方案**，可以根据工程背景选择配架方案。

（2）成果输出

第1步：输出架体配置图。点击图 2.4-16 中的**架体配置图**，选择**本层/整栋**，输出配架图。

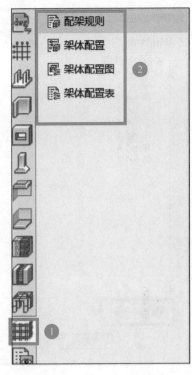

图 2.4-16　配架选项图

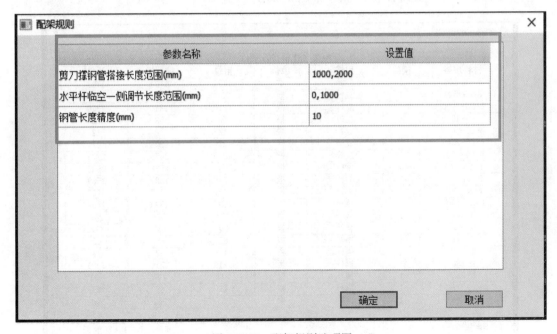

参数名称	设置值
剪刀撑钢管搭接长度范围(mm)	1000,2000
水平杆临空一侧调节长度范围(mm)	0,1000
钢管长度精度(mm)	10

图 2.4-17　配架规则选项图

第2步：配架统计类别选择。如图 2.4-19 所示。

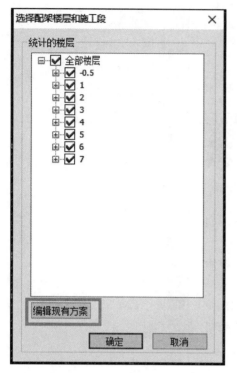

图 2.4-18 配架选项图

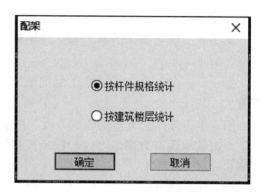

图 2.4-19 配架统计选项图

第 3 步：生成配架统计表。如图 2.4-20 所示。

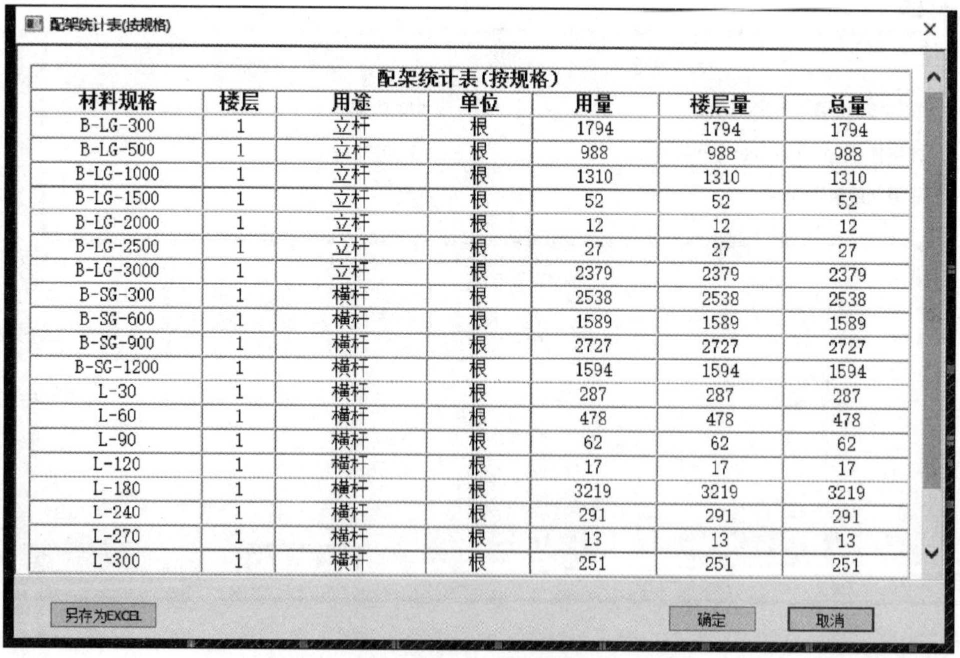

材料规格	楼层	用途	单位	用量	楼层量	总量
B-LG-300	1	立杆	根	1794	1794	1794
B-LG-500	1	立杆	根	988	988	988
B-LG-1000	1	立杆	根	1310	1310	1310
B-LG-1500	1	立杆	根	52	52	52
B-LG-2000	1	立杆	根	12	12	12
B-LG-2500	1	立杆	根	27	27	27
B-LG-3000	1	立杆	根	2379	2379	2379
B-SG-300	1	横杆	根	2538	2538	2538
B-SG-600	1	横杆	根	1589	1589	1589
B-SG-900	1	横杆	根	2727	2727	2727
B-SG-1200	1	横杆	根	1594	1594	1594
L-30	1	横杆	根	287	287	287
L-60	1	横杆	根	478	478	478
L-90	1	横杆	根	62	62	62
L-120	1	横杆	根	17	17	17
L-180	1	横杆	根	3219	3219	3219
L-240	1	横杆	根	291	291	291
L-270	1	横杆	根	13	13	13
L-300	1	横杆	根	251	251	251

配架统计表(按规格)

另存为EXCEL　　确定　取消

图 2.4-20 配架统计表

4.3 施工方案导出

1. 功能

在工程项目模板布置且安全复核后，就可以生成模板工程施工方案的成果。模板工程施工方案是模板工程施工重要依据文件，BIM模板工程设计软件输出的成果主要有模架计算书、方案书、施工图纸及材料统计等。

2. 操作步骤

（1）导出计算书

第1步：如图2.4-21中②处，点击**计算书**，按照提示选择构件，这里以梁为例，在视图区点击所选构件。

计算书输出

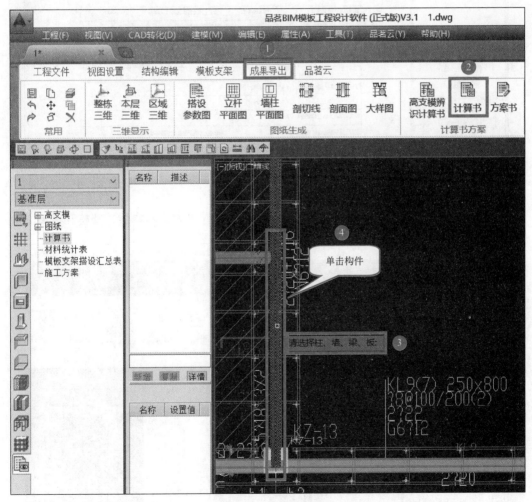

图2.4-21　计算书生成

第2步：如图2.4-22所示，生成两份计算书，一份梁模板，一份梁侧模板；点击**合并计算书**，可将两份计算书合并。

第3步：点击图2.4-22中③处，可将当前计算书在Word软件中打开；计算书包括计算依据、计算参数、图例、计算过程、评定结论，如果评定结论不合格，还会提供建议和措施。

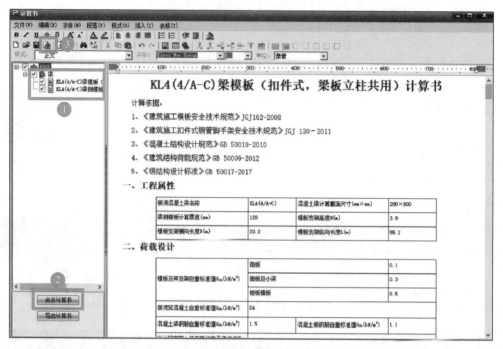

图2.4-22　计算书展示

(2) 导出方案书

第1步：点击**方案书**（图2.4-23），按照提示选择导出方式：**本层**、**整栋**和**区域**。

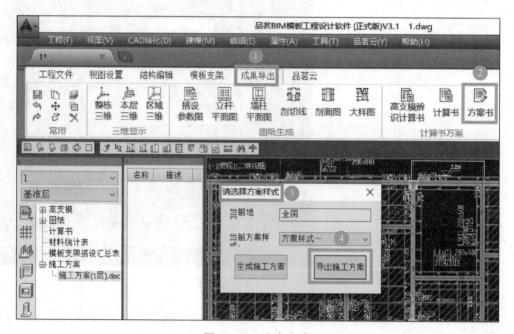

图2.4-23　方案生成

第2步：出现方案样式对话框，生成包含计算书的施工方案。

（3）输出图纸方案

1）输出模板搭设参数图、墙柱模板平面图

第1步：点击图 2.4-24 中的**搭设参数图**，按照提示选择导出方式：**本
层**或**整栋**。

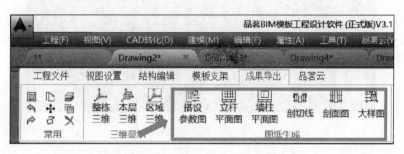

图纸输出

图 2.4-24　施工图生成

第2步：生成**模板搭设参数图**，模板搭设参数平面图主要包括梁和板的立杆纵横距、
水平杆步距、小梁根数、对拉螺栓水平间距、垂直间距等布置内容。

第3步：点击**墙柱平面图**，按照提示选择导出方式：**本层**或**整栋**。

第4步：生成**墙柱模板平面布置图**，墙柱模板平面图主要介绍墙和柱竖向模板的布置
情况。

2）输出立杆平面图

第1步：点击**立杆平面图**，选择要生成的楼层（图 2.4-25）。

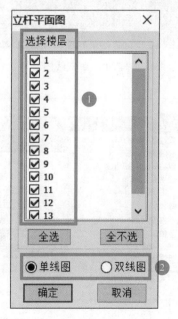

图 2.4-25　立杆平面图楼层选择

第2步：选择图纸显示形式（图 2.4-25），单线图见图 2.4-26，双线图见图 2.4-27。

第3步：选择标准层，打开**显示控制**中**构件显示**，见图 2.4-28。

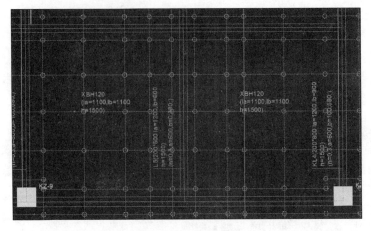

图 2.4-26　单线图

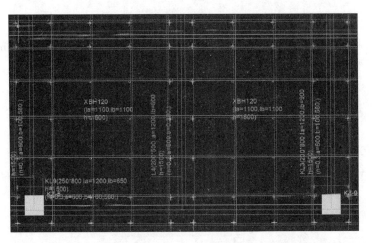

图 2.4-27　双线图

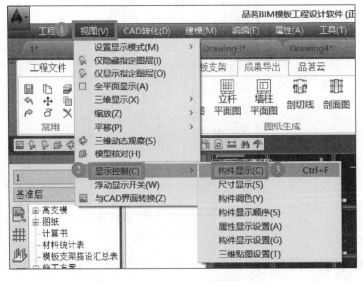

图 2.4-28　显示控制

第4步：出现图 2.4-29 中**显示控制**，选择图中构件，根据需要出现在立杆平面图中。

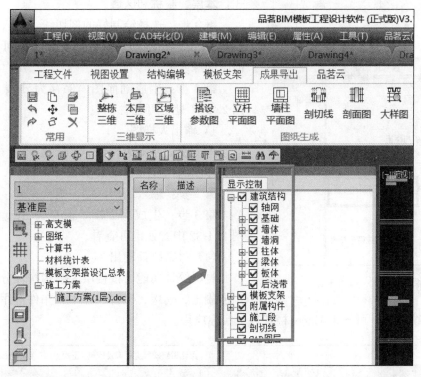

图 2.4-29　立杆平面图生成

3）输出剖面图

第1步：点击**剖切线**（图 2.4-30），根据提示，选择起点、终点和方向，完成剖切线绘制。

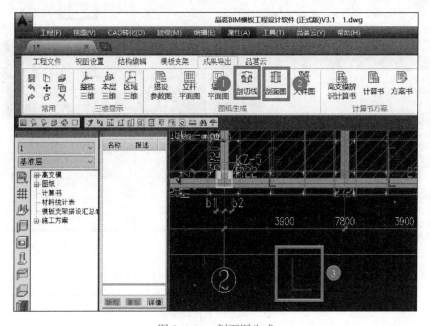

图 2.4-30　剖面图生成

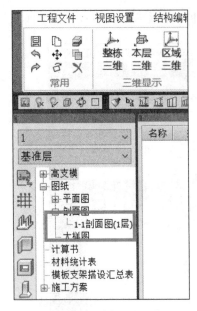

图 2.4-31　剖面图查看

第 2 步：点击**剖面图**，按照提示选择导出方式：**本层、整栋和区域**。

第 3 步：选择绘制好的剖切线，输入剖切深度（剖切深度是指剖切线位置向剖切方向可投影到剖面图的深度尺寸）。

第 4 步：生成剖面图，保存为 dwg 格式。在图 2.4-31 处也可查看。

4）输出大样图

第 1 步：点击**大样图**（图 2.4-32），点选要生成大样图的构件（可批量生成）。

第 2 步：输入剖切深度，确认完成。

第 3 步：生成剖面图，保存为 dwg 格式。在图 2.4-32 中③处也可查看。

（4）材料统计输出

材料统计功能可按楼层、结构构件分类别统计出混凝土、模板、钢管、方木、扣件等用量，支持自动生成统计表，可导出 Excel 格式以便实际应用。

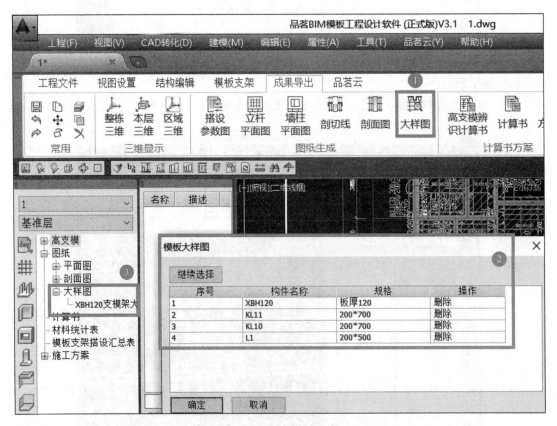

图 2.4-32　大样图生成

第1步：点击**材料统计**，见图2.4-33，选择要统计的楼层数。

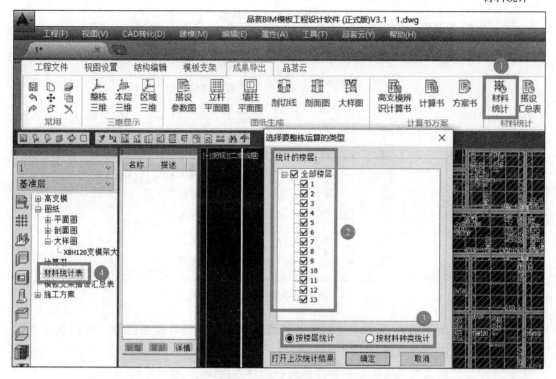

图2.4-33　材料统计表生成

第2步：点击**按楼层统计**，生成材料用量统计表，形式如图2.4-34所示。

材料用量统计表（按楼层）

楼层	材料大类	材料规格	构件	单位	用量	分量	总量
	混凝土	C30	梁	m^3	78.48	174.28	209.11
			板	m^3	95.8		
		C35	柱	m^3	34.83	34.83	
	模板	覆面木胶合板[18]	梁	m^2	716.55	1769.89	1769.89
			柱	m^2	256.65		
			板	m^2	796.69		
	方木	60*80	柱小梁	m	1518.06	8581.01	8581.01
			梁侧小梁	m	3976.98		
			梁底小梁	m	1049.77		
1			板小梁	m	2036.2		
	钢管	Φ48×3.5	立杆	m	6279.4	19722.4	19722.4
			横杆	m	7898.06		
			柱箍	m	1667.52		
			梁侧主梁	m	1942.35		
			梁底主梁	m	979.06		
			板主梁	m	956.01		
	对拉螺栓	M14	梁	套	988	2245	2245
			柱	套	1257		
	固定支撑	固定支撑	梁	套	410	410	410

图2.4-34　材料用量统计表（按楼层）

第3步：点击**按材料种类统计**，生成材料用量统计表，形式如图 2.4-35 所示。

材料用量统计表(按材料种类)

材料大类	楼层	材料规格	构件	单位	用量	分量	楼层量	总量
	1	C30	梁	m³	78.48	174.28	209.11	
			板	m³	95.8			
		C35	柱	m³	34.83	34.83		
	2	C30	梁	m³	75.14	178.25	213.53	
			板	m³	103.11			
		C35	柱	m³	35.28	35.28		
	3	C30	梁	m³	75.14	178.25	208.49	
			板	m³	103.11			
		C35	柱	m³	30.24	30.24		
	4	C30	梁	m³	75.14	178.25	208.49	
			板	m³	103.11			
		C35	柱	m³	30.24	30.24		
	5	C30	梁	m³	75.14	178.25	208.49	
			板	m³	103.11			
		C35	柱	m³	30.24	30.24		
		C30	梁	m³	75.14	178.25		

另存为EXCEL　　　　　　确定　　取消

图 2.4-35　材料用量统计表（按材料种类）

第4步：点击图 2.4-33 中④处**材料统计表**，生成材料统计反查报表，材料表可精确到构件，点击表中构件叫进行定位。

第5步：模板支架搭设汇总表操作同材料统计表操作。

4.4　三维模拟成果展示

1. 功能

三维显示功能实现照片级模型渲染效果，支持整栋、整层、任意剖切三维显示，有助于技术交底和细节呈现，支持任意视角的高清图片输出，可用于编制投标文件、技术交底文件等。

2. 操作步骤

第1步：如图 2.4-36 所示，可根据需要，点击**整栋三维**、**本层三维**或**区域三维**来显示三维模型。

三维成果展示

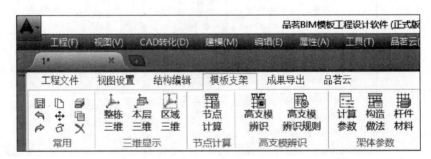

图 2.4-36　三维显示

第 2 步：点击**本层三维**，选择要本层显示的类型（图 2.4-37），对构件类型进行显示选择，模板支架中的扣件一般默认不勾选。

图 2.4-37　显示类型选项

第 3 步：点击图 2.4-38 中①处，通过三维动态观察来全方位观察模型。

第 4 步：点击图 2.4-38 中②处，可在三维模型内进行漫游，如图 2.4-39 所示。

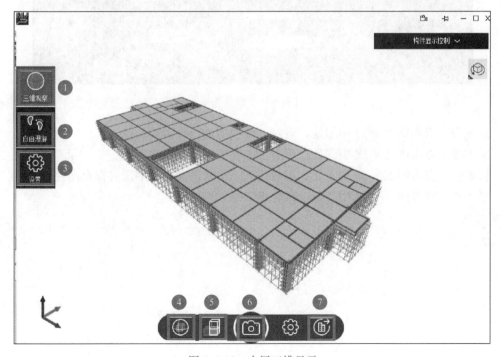

图 2.4-38　本层三维显示

图 2.4-39　自由漫游

第 5 步：点击图 2.4-38 中③处，可对三维显示效果进行调整，如图 2.4-40 所示。

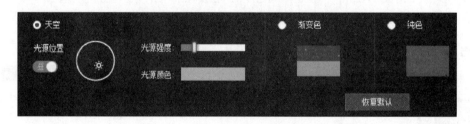

图 2.4-40　设置选项

第 6 步：点击图 2.4-38 中④处，可对三维模型进行自由旋转。

第 7 步：点击图 2.4-38 中⑤处，可对三维模型进行剖切观察。

第 8 步：点击图 2.4-38 中⑥处，可对任意三维状态通过拍照形式保存图片。

第 9 步：点击图 2.4-38 中⑦处，可导出三维效果成果。

学习情境三　BIM 施工策划软件应用

学习情境三学生资源　　　　学习情境三教师资源

 概念导入

随着项目复杂程度的提高和施工管理水平的提升，在基于 BIM 技术的模型系统中，首先建立项目所在地原有和拟建建筑物、库房、加工厂、管线道路、施工设备和各功能分区等建筑设施的 4D 实体模型；场地布设和虚拟仿真漫游的主要目的是利用 BIM 软件模拟，建立三维场地模型，通过漫游、动画的形式提供可视化的模拟数据以及身临其境的视觉、空间感受，及时发现不易被察觉的布场不合理现象，减少由于事先规划不周全而造成的损失。

1. BIM 施工策划软件

BIM 施工策划软件是基于 AutoCAD 研发的 BIM 软件，操作简单，符合目前技术人员常用的 CAD 软件绘制平面布置图习惯。软件内置了大量的施工生产设施、临时板房、塔式起重机、施工电梯等构件的二维图例和三维模型，可快速通过建筑总平面图识别转化以及布置构件快速完成平面图绘制并同时根据需要生成多种平面布置图，同时可直接查看三维平面布置图，生成施工模拟动画。

软件功能介绍

2. 软件运行环境

安装本软件之前，请确保您的计算机已经安装 AutoCAD（AutoCAD 2008 32/64bit、AutoCAD 2014 32/64bit），操作系统：win7、win8、win10 32/64。

3. 软件界面介绍

本软件操作界面主要分菜单栏、常用命令栏、构件布置区、构件列表、构件属性栏、构件大样图栏、绘图区等（图 3.0-1）。

① **菜单区**：菜单栏放置了软件除构件布置外的大部分功能命令。

软件界面

② **常用命令栏**：放置了常用工具、CAD 转化、漫游、施工模拟、图纸方案等功能，跟菜单栏同名的命令功能相同。

③ **构件布置栏**：包含了构件搜索栏、软件内置的所有构件以及导入外部构件功能。

④ **构件列表**：显示已经布置或者生成的构件，如果需要布置不同参数的同类构件，需要先通过新增来添加新构件。如果新构件只有部分参数修改，则可以使用复制来新增构件加快速度。

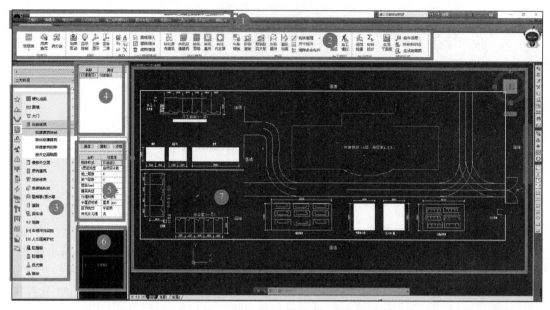

图 3.0-1　BIM策划软件操作界面图

⑤ **构件属性栏**：内有选中构件的各项公有属性，这里的属性修改了所有的同名构件都会一起进行修改。除了尺寸、标高等参数外，构件的所有可以修改的材质和颜色都可以在这里进行修改。

⑥ **构件大样图栏**：大样图中包含一些在属性栏中没有的不常用的参数，我们可以用鼠标滚轮缩放后修改相关参数。当然我们也可以双击大样图栏，这时会展开构件编辑界面。

⑦ **绘图区**：布置和绘制平面图的操作区域。

任务 1　工程向导设置

 能力目标

工程向导设置能力目标　　　　　　　　　　　　　　　　　　　表 3.1-1

工程向导设置	1. 能设置工程项目
	2. 会楼层设置
	3. 能设置各种构件参数模板

概念导入

工程设置

工程设置中除了工程信息设置和楼层阶段设置之外，还包括显示设置。显示设置主要

有地平面设置、驱动设置、构件字体设置、脚手架设置、天空球设置、材料统计设置六项设置。

 子任务清单

工程向导设置子任务清单 表 3.1-2

序号	子任务项目	备注
1	工程概况设置	
2	楼层设置	
3	显示设置	
4	构件参数模板设置	

任务分析

本任务中根据图纸、工程其他信息来进行工程概况设置、楼层设置、显示设置、构件参数模板设置等。

1.1　工程概况设置

1. 功能

工程概况是指工程项目的基本情况。其主要内容包括：工程名称、规模、性质、用途、资金来源、投资额、开竣工日期、建设单位、设计单位、监理单位、施工单位、工程地点、工程总造价、施工条件、建筑面积、结构形式、图纸设计完成情况、承包合同等。

2. 操作步骤

新建工程向导的工程信息内容主要是用在最后生成平面图时自动生成的图框中，一般按实际工程概况来填写，填写时需要填写全称，不得简化。

第 1 步：在菜单栏新建工程概况信息，点击**工程**，选择**工程设置**。

第 2 步：点击**工程信息**，按照工程图纸与合同对工程信息进行设置，见图 3.1-1。如果新建工程时没有设置相关内容，可以在后面通过菜单栏→工程→工程设置来重新设置。

1.2　楼层设置

1. 功能

楼层阶段设置中楼层管理设置的是软件内各层的相关信息，这个主要是在导入 P-BIM 模型时使用的，软件内包括基坑、拟建建筑、地形等都是布置在一层的，所以建议不要去设置修改。

建议设置好自然地坪标高这个参数，其是作为多数构件的默认标高参数使用的，标高±0.000 等于高程多少米是设置地形使用的。

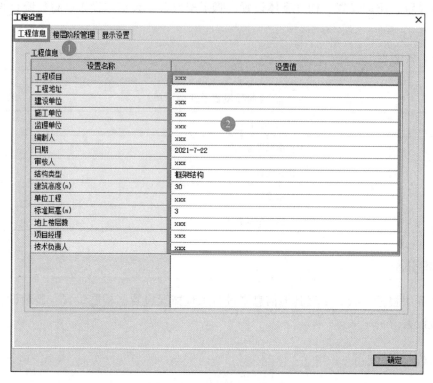

图 3.1-1　工程信息设置图

2. 操作步骤

阶段设置的阶段数量根据自己的需要设置，开始时间和结束时间可以在后面的进度关联里快速地设置部分构件的起始时间。

第1步：在工程菜单栏中，点击**工程设置**，再点击**楼层阶段管理**。

第2步：对土方、结构等阶段楼层开始和结束时间、标高等进行设置。

1.3　显示设置

1. 功能

工程向导设置中除了工程概况设置和楼层设置之外，还有一个显示设置。如果新建工程向导中的参数没有设置，或者设置好了又想修改，可以在显示设置中进行调整。

2. 操作步骤

显示设置主要有地平面设置、构件字体设置、脚手架设置、材料统计设置四项。三维显示模式下还可以进行天空背景等设置。

第1步：在菜单栏新建工程概况信息，点击**工程**，选择**工程设置**。

第2步：点击**显示设置**，按照工程图纸与合同对工程信息进行设置，如图 3.1-2 所示。

（1）地平面设置：这里设置的地面厚度和地面外延长度是在没有绘制地形和构件布置区的情况下软件进行三维显示时自动生成构件布置区使用的。

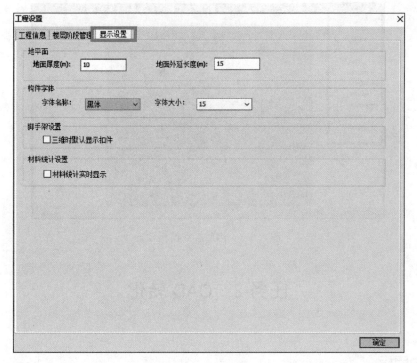

图 3.1-2　显示设置

（2）构件字体包含字体名称与大小，是在二维显示时构件名称的字体和大小，一般不建议修改。

（3）脚手架设置是设置三维显示时脚手架扣件显示与否。

（4）材料统计设置是控制界面右上角的材料统计显示与否，该设置会影响软件对材料统计实时显示界面的显示与否。

（5）天空背景设置是选择工程三维显示时的天空背景样式。

1.4　构件参数模板设置

1. 功能

构件参数模板设置包含建筑及构筑物，生活设施，材料堆场，安全防护，绿色文明、消防设施，临电设备、机械设备、安全体验区、基础构件等参数的应用模板。

构件参数模板的作用是使设计人员在构件列表中新增构件时新增的构件材质是自己想要的，尺寸是常用的。

2. 操作步骤

第 1 步：在工程菜单栏中，点击**工具设置**，再点击**构件参数模板设置**。

第 2 步：在构件参数模板对所有构件进行设置，并保存。

默认的模板是不可以编辑的，只有新增的才可以修改编辑，编辑完成后点击**确定**就会在工程里应用，**保存**和**另存为**都是把这个模板保存出来。构件参数模板设置如图 3.1-3 所示。

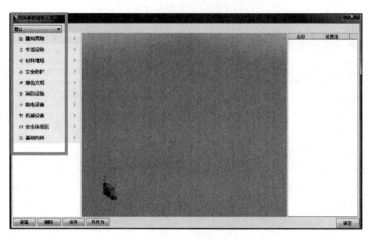

图 3.1-3　构件参数模板设置

任务 2　CAD 转化

 能力目标

CAD 转化能力目标　　　　　　　　　表 3.2-1

CAD 转化	1. 能转化或导入 CAD 图纸
	2. 能转化拟建房屋、围墙、基坑、支撑梁等构件

 概念导入

1. CAD 转化

利用 BIM 施工策划软件导入 CAD 图纸，对 CAD 图纸中的原有建筑、拟建建筑、围墙、基坑与支撑梁等进行转化编辑。

2. 建构筑物

建筑物通称建筑，一般指供人居住、工作、学习、生产、经营、娱乐、储藏物品以及进行其他社会活动的工程建筑。例如，工业建筑、民用建筑、农业建筑和园林建筑等。构筑物指房屋以外的工程建筑，如围墙、道路、水坝、水井、隧道、水塔、桥梁和烟囱等。

 子任务清单

CAD 转化子任务清单　　　　　　　　　表 3.2-2

序号	子任务项目	备注
1	CAD 图纸导入	
2	拟建建筑物转化	

序号	子任务项目	备注
3	围墙转化	
4	基坑与支撑梁转化	

任务分析

本项目中根据图纸、BIM 施工策划软件来完成导入 CAD、转化原有/拟建建筑物、转化围墙、转化基坑与支撑梁等操作。

2.1 CAD 图纸导入

1. 功能

图纸导入

利用 BIM 三维施工策划新建工程后，就可以把施工现场总平面图（施工平面图 CAD 草图），通过复制（快捷命令 Ctrl＋C）和粘贴（快捷命令 Ctrl＋V）命令导入软件中。建议在 CAD 中使用右键中的带基点复制命令来复制图纸，然后在策划软件的原点附近粘贴图纸。

2. 操作步骤

第 1 步：复制施工现场总平面图到 BIM 三维施工策划软件的绘图区。

第 2 步：利用尺寸标注命令测量 CAD 图纸比例是否正确。

第 3 步：利用 CAD 的缩放（快捷命令 SC）命令来缩放图纸，见图 3.2-1。

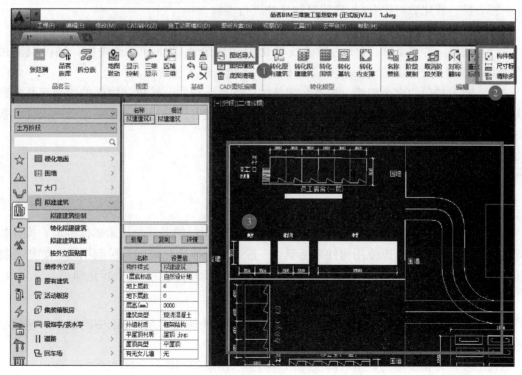

图 3.2-1　CAD 图纸导入

导入 CAD 图纸时应注意以下几点：

（1）软件的 CAD 平台图纸的 CAD 版本要相同，同时安装了多个版本 CAD 软件时需要特别注意。建议先打开图纸，再打开软件，如果先打开了软件，不要直接双击图纸文件来打开图纸，可以通过 CAD 的打开命令打开图纸，或者直接拖动图纸到 CAD 的命令行那里。

（2）如果图纸无法复制，请使用菜单栏→CAD 转化→导入 CAD 图纸命令，尝试是否能够导入图纸。

（3）图纸复制到软件内后可以用缩放施工图命令，把图纸缩放到按毫米单位的 1 : 1 的比例。同样可以在软件或 CAD 中使用缩放（快捷命令 SC）命令来缩放图纸，在 CAD 中缩放请在复制前进行。

2.2 拟建建筑物转化

拟建建筑物转化　　拟建建筑物属性设置

1. 功能

通过运用施工策划软件对施工图纸上的构件（原有建筑、拟建建筑、围墙、基坑内、支撑梁）进行快速转化，可以有效解决建模的问题，且此类模型不仅可以提供三维可视的效果，而且能大幅度地提高施工方案的编制效率，同时还能对成本进行有效的控制。

2. 操作步骤

第 1 步：在常用命令栏，点击**原有/拟建建筑物转化**命令，选择绘图区的建筑的线条，快速把 CAD 图块和封闭线条转化成建筑。

第 2 步：转化后对原有/拟建建筑物属性进行编辑。

转化原有/拟建建筑物应注意以下几点：

（1）如果一个看起来封闭的样条线转化拟建建筑或者原有建筑失败，则可以通过 CAD 的特性查看下这个样条线是不是闭合的，不闭合的无法转化。

（2）同时转化的多个拟建（原有）建筑的属性是一样的，转化的构件的参数都是按默认参数生成的，转化完成后需要再进行编辑，默认参数可以通过菜单栏→工具→构件参数模板设置进行设置调整。

2.3 围墙转化

1. 功能

使用 CAD 转化中的转化围墙命令可以使 CAD 图中的线条转化出来砌体围墙，操作快捷方便，当然围墙也可以使用构件来绘制。一般来讲直接转化成的是砖砌围墙，如想选择其他围墙，在使用 CAD 转化围墙命令之前，先选中围墙的类型，再去转化即可。

2. 操作步骤

第 1 步：在常用命令栏，点击**转化围墙**命令可以快速把 CAD 图纸中的线条（建议选择总平图上的建筑红线）转化围墙。

第 2 步：转化围墙后点击右键选择围墙类型。围墙类型选择如图 3.2-2 所示。

第 3 步：对围墙的属性进行编辑。

图 3.2-2　围墙类型选择

转化围墙应注意以下几点：

（1）如果红线是闭合的，则封闭圈的外侧是围墙外侧，如果是不封闭的线条，则转化的围墙内外侧可能是错误的，可以使用对称翻转命令进行对称旋转修正围墙的内外侧。

（2）同时转化的多道围墙的属性是一样的，转化的构件参数都是按默认参数生成的，转化完成后需要再进行编辑，默认参数可以通过菜单栏→工具→构件参数模板设置进行设置调整。

2.4　基坑与支撑梁转化

1. 功能

使用 CAD 转化中的转化基坑与支撑梁命令可以使 CAD 图中的线条快速转化成基坑与支撑梁，再对土方的绝对标高、放坡系数、放坡的方式、基底材质、垂直基坑壁、放坡基坑壁进行选择或者编辑，操作快捷方便。

2. 操作步骤

（1）转化基坑

第 1 步：使用**转化基坑**命令可以快速把 CAD 中的封闭线条转化成基坑（建议转化围护中的冠梁中线）。

第 2 步：转化基坑后点击右键进行基坑编辑。

转化基坑

转化基坑应注意以下几点：

1）如果一个看起来封闭的样条线转化基坑失败，则可以通过 CAD 的特性查看下这个样条线是不是闭合的，不闭合的无法转化。

2）同时转化的多个基坑的属性是一样的，转化的构件参数都是按默认参数生成的，转化完成后需要再进行编辑，默认参数可以通过菜单栏→工具→构件参数模板设置进行设置调整。建议坑中坑转化的时候可以分开来转化，便于后期对底标高的修改。

（2）转化支撑梁

第 1 步：使用**转化内支撑**命令可以打开下面的支撑梁识别界面，转化时设置好支撑梁道数和顶标高，提取支撑梁所在的图层，点击**转化**就可以快速把 CAD 图纸中的梁边线转化成支撑梁，同时自动在支撑梁交点位置生成支撑柱。

第 2 步：对转化后的支撑梁进行识别，如图 3.2-3 所示。

转化支撑梁

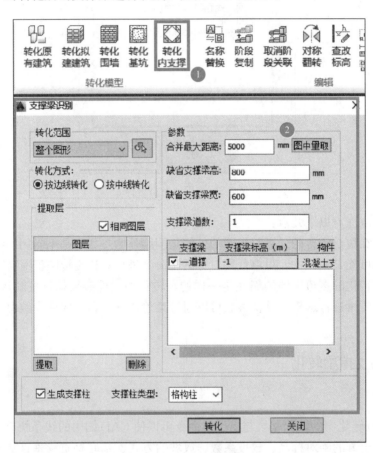

图 3.2-3　支撑梁识别

转化支撑梁应注意以下几点：

1）支撑梁转化时一定要选取图层，不然默认会把复制或者导入的图形中所有图层都识别一遍。

2）如果需要转化多道不同的支撑，建议按最上面的一道支撑进行转化，其他道的支撑梁需要手动编辑，不要反复转化支撑梁。支撑梁加腋需要手动绘制。

3）多道支撑可以通过点击绘图区左上角按钮，在下拉菜单中切换不同的道数的支撑梁来分别编辑。

任务 3　构件布置编辑

 能力目标

构件布置编辑能力目标　　　　　　　　　　　　　　　　　表 3.3-1

构件布置编辑	1. 能布置建筑物、构筑物
	2. 能布置生活设施、生产区设施
	3. 能布置和编辑脚手架、安全文明施工设施

概念导入

1. 点选布置

点选布置的构件，直接点击构件布置栏的构件名称就可以直接在绘图区指定插入点，之后设置角度就可以了。

2. 线性布置

线性布置的构件，指定第一个点，根据命令提示行绘制后续的各点，直到完成布置。需要注意的是线性构件如果要画成闭环的，那么最后闭合的一段要用命令提示行的闭合命令完成。如果构件有内外面，注意绘制过程中的箭头指向都是外侧，顺逆时针绘制是不同的。

3. 面域布置

面域布置的构件，指定第一个点，根据命令提示行绘制后续的各点，直到完成布置，注意最后闭合的一段要用命令提示行的闭合命令完成，否则容易出现造型错误。

 子任务清单

构件布置编辑子任务清单　　　　　　　　　　　　　　　　表 3.3-2

序号	子任务项目	备注
1	建、构筑物布置	
2	生活设施布置	
3	生产区设施布置	
4	脚手架布置、安全文明施工设施的布置	

任务分析

本项目中根据图纸、BIM 施工策划软件来完成建构筑物布置、生活设施布置、生产区

设施布置、脚手架布置及安全文明施工设施的布置。

3.1 建、构筑物布置

1. 功能

建、构筑物构件是在 BIM 施工策划软件中包含的拟建建筑、活动板房等构件，技术人员进行施工策划时根据实际施工方案需求来选择。

2. 操作步骤

（1）布置拟建建筑

第 1 步：点击施工策划软件构件布置区拟建建筑构件，选择**拟建建筑绘制**，也可以在软件上常用命令栏选择**转化拟建建筑**来完成。

第 2 步：设置拟建建筑属性，包括层数、层高、标高、结构形式等。

第 3 步：双击构件大样图栏拟建建筑，在三维模式下完成拟建建筑的构件编辑。拟建建筑的布置，如图 3.3-1 所示。

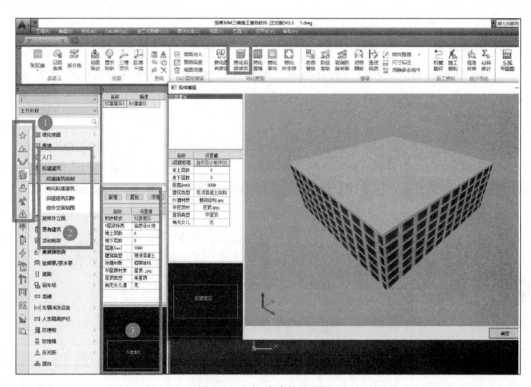

图 3.3-1 拟建建筑的布置

（2）布置活动板房

第 1 步：点击左侧构件活动板房，在绘图区选择合理的位置布置活动板房。活动板房的布置如图 3.3-2 所示。

第 2 步：双击构件大样图栏设置活动板房属性。包括构件样式、房屋的标高、房间个数、屋顶的高度、扶手的样式、外墙材质等。

布置活动板房

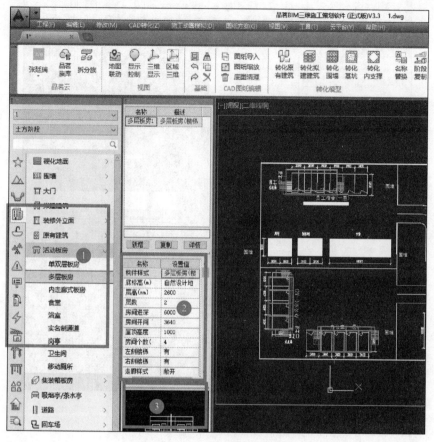

图 3.3-2　活动板房的布置

第 3 步：双击左下角活动板房大样图，在三维模式下完成活动板房的构件编辑。

（3）布置围墙

第 1 步：点击左侧构件**围墙**，在绘图区选择合理的位置进行布置。

第 2 步：设置围墙属性。包括构件样式、底标高、墙厚、围墙贴面、柱材质、外墙材质等。

布置围墙

第 3 步：双击左下角构件大样图栏活动板房，在三维模式下完成围墙的构件编辑。

第 4 步：利用对称翻转可以使围墙内外翻转。围墙布置如图 3.3-3 所示。

布置道路

（4）布置道路

第 1 步：点击左构件栏，选择**道路**中的道路类型。

第 2 步：在属性栏对参数进行设置，双击构件大样图栏中道路断面图，在三维模式下对道路构件进行编辑。道路布置如图 3.3-4 所示。

第 3 步：在绘图操作区进行绘制，在道路的圆弧部位要点击圆弧点。

硬化地面

（5）硬化地面

第 1 步：点击**硬化地面**，选择绘制方法，编辑属性参数，参数包括地面的标高、厚度、材质、颜色等。地面硬化设置如图 3.3-5 所示。

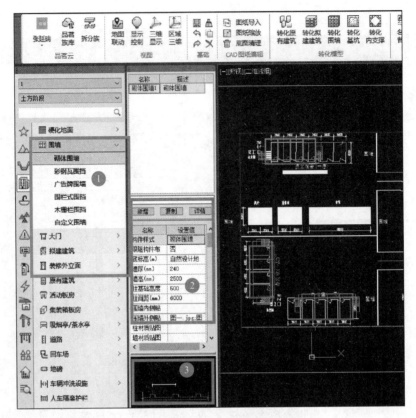

图 3.3-3　围墙布置

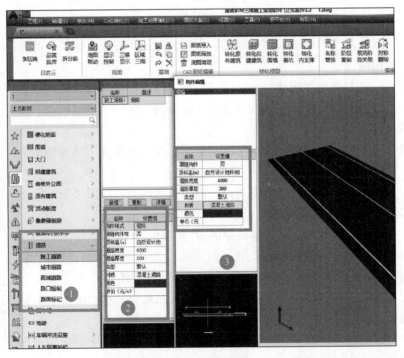

图 3.3-4　道路布置

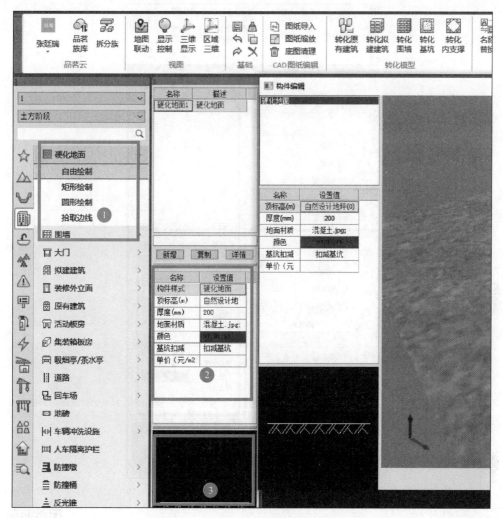

图 3.3-5　地面硬化

第 2 步：双击构件大样图栏中地面断面图，对地面构件进行编辑。

3.2　生活设施布置

生活设施布置

1. 功能

生活设施在软件中主要体现在给排水、雨水、洗漱台、垃圾处理等构件，操作布置见图 3.3-6。

2. 操作步骤

第 1 步：点击生活设施，选择生活设施构件（图 3.3-6），在软件绘图区选择合理位置进行布置。

第 2 步：双击绘制区布置的生活构件，对生活设施进行编辑。

图 3.3-6　生活设施构件

3.3　生产区设施布置

1. 功能

生产区设施布置

生产区包括加工区、材料堆场区、机械设备、仓库、安全防护等设施。这是施工中首先要考虑的内容，只有合理地布置，才能满足方案的科学性、经济性、合理性，从而为施工创造很好的施工条件。

2. 操作步骤

第 1 步：点击**材料堆场**、防护设施、临电设备、机械设备，选择生产设施构件，如钢筋原材料堆场、防护棚/加工棚、总配电箱、塔吊在软件绘图区选择合理位置进行布置。

第 2 步：双击绘制区布置生产设施，对生产设施进行三维模式下的构件属性编辑。材料堆场构件，见图 3.3-7。安全防护构件，见图 3.3-8。临时用电设备，见图 3.3-9。机械设备构件，见图 3.3-10。

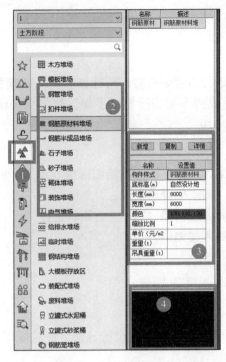

图 3.3-7　材料堆场构件

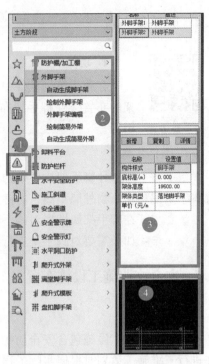

图 3.3-8　安全防护构件

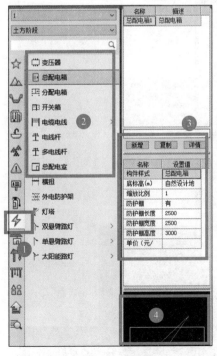

图 3.3-9　临时用电设备

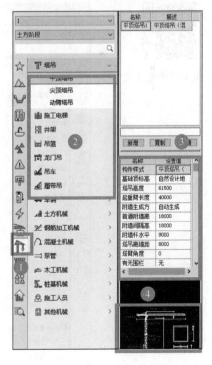

图 3.3-10　机械设备构件

3.4 脚手架布置

1. 功能

在施工策划软件中是以外脚手架进行布置编辑的，同时也包含满堂脚手架的布置。外脚手架布置包括自动生成脚手架、绘制脚手架、外脚手架编辑等。

脚手架布置

2. 操作步骤

第1步：点击外脚手架构件中的**自动生成脚手架**，鼠标左键选择绘图区拟建房屋，设置脚手架偏移建筑物外墙距离，右键点击拟建房屋，脚手架自动生成。

第2步：在脚手架属性栏对脚手架的样式、架体高度、架体类型进行编辑选择。

第3步：如果需要对脚手架进行编辑，选择**外脚手架编辑**。

3.5 安全文明施工设施布置

1. 功能

安全文明施工设施包含安全防护、消防设施、绿色文明、临电设施、安全体验区等，在进行三维施工策划时根据实际工程需要来布置。

其中，绿色文明设施布置见图 3.3-11。

安全文明设施布置

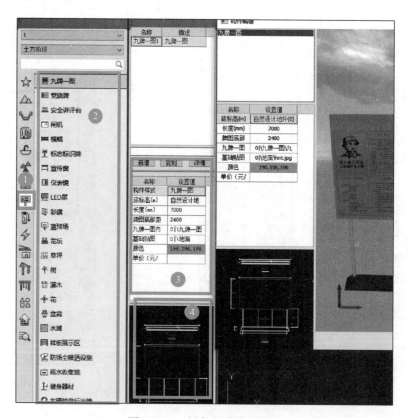

图 3.3-11 绿色文明设施布置

2. 操作步骤

第 1 步：点击软件左侧构件安全防护、消防设施、绿色文明等，选择所要布置的构件，在绘图区选择合理的位置进行布置。

第 2 步：点击图 3.3-11 中间区域属性栏，设置安全文明施工设施参数。

第 3 步：双击构件在三维模式下进行构件的编辑。

任务 4　装配式布置

 能力目标

装配式布置能力目标　　　　　　　　　　　　　　　表 3.4-1

装配式布置	1. 能布置装配式建筑轴网
	2. 能布置装配式各种构件
	3. 能布置楼层组装

概念导入

1. 柱网布置

根据装配式工程 CAD 图纸，绘制轴网形成二维柱网线框，再设置轴网进深、开间等尺寸参数，形成装配式轴网。

2. 装配式构件布置

装配式构件包含装配式柱、装配式墙、装配式梁、装配式楼梯、叠合楼板、装配式阳台，布置时一般按照受力顺序先后来进行。

子任务清单

装配式布置子任务清单　　　　　　　　　　　　　　表 3.4-2

序号	子任务项目	备注
1	轴网布置	
2	装配式构件布置	
3	装配式组装	

任务分析

根据图纸、BIM 施工策划软件来完成建筑轴网布置、各种装配式构件布置及装配式组装。

4.1 轴网布置

1. 功能

轴网布置是装配式框架结构布置的一部分，轴网是框架柱在平面上纵横两个方向的排列。按照装配式图纸柱子排列形式与柱距对轴网进行布置。轴网布置的内容包括绘制轴网、移动轴网、删除轴网、合并轴网、增加轴线、删除轴线、偏移轴线、旋转轴线、更换轴名、轴网上锁。

2. 操作步骤

第1步：在构件区点击软件中的**构件装配式**，选择**轴网布置**。

第2步：点击所选择轴网绘制方法，如**绘制柱网**，形成二维轴网线框，如图 3.4-1 所示。

轴网布置

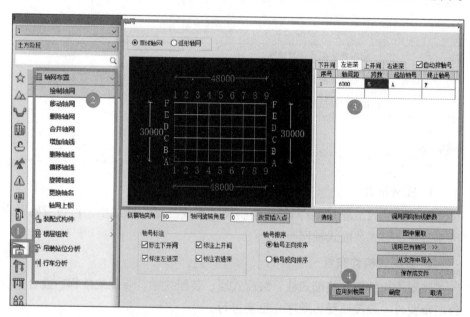

图 3.4-1　轴网布置操作

第3步：设置轴网**左进深**、**右进深**，**上开间**、**下开间**等尺寸参数。

第4步：轴网设置好以后，点击**应用到楼层**。

4.2 装配式构件布置

1. 功能

装配式构件布置

装配式构件包含装配式柱、装配式墙、装配式梁、装配式楼梯、叠合楼板、装配式阳台，按照受力顺序先后来布置构件。

2. 操作步骤

（1）布置装配式柱

第1步：在构件区点击**装配式构件**，选择**装配式柱**。

第2步：在构件属性区对装配式柱的长度、宽度、高度、重量等属性参数进行设置。

第3步：按照柱具体位置进行布置。

为方便将来选择吊装机械和机械布置的路线，一般设置构件参数时需要填写重量。装配式柱布置如图 3.4-2 所示。

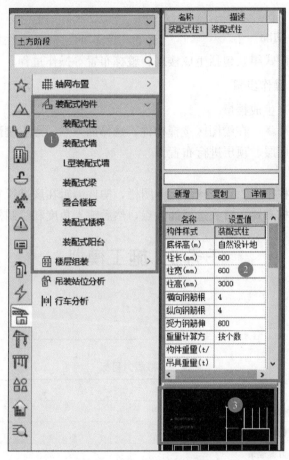

图 3.4-2　装配式柱布置

（2）布置装配式墙

第1步：在构件区点击**装配式构件**，选择**装配式墙**或 **L 型装配式墙**。

第2步：对装配式墙的长度、宽度、高度、洞口、重量等属性参数进行设置，双击构件属性栏也可以对墙构件三维模型进行设置。

第3步：对构件参数设置好的墙体选择正确的位置进行布置。

装配式墙的布置要注意内墙和外墙，该留洞口的一定要设置洞口尺寸和标高。同样的，设置构件参数时重量也要求填写。

（3）布置装配式梁

第1步：在构件区点击**装配式构件**，选择**装配式梁**。

第2步：对装配式墙的长度、宽度、高度、上下排钢筋受力钢筋根数、加密区、重量等属性参数进行设置，双击构件属性栏也可以对梁构件三维模型进行设置。

第 3 步：对构件参数设置好的梁选择正确的位置进行布置。

叠合楼板、装配式楼梯、装配式阳台布置与装配式柱、装配式墙、装配式梁布置方法相近，可以按照上述的要点进行布置。

4.3 装配式组装

装配式组装

1. 功能

装配式组装包括生成楼层、整栋布置等操作过程。

2. 操作步骤

（1）生成楼层

第 1 步：在绘图区选择构件，选择插入点，点右键形成标准层。

第 2 步：分别对底层、顶层进行布置。

（2）整栋布置

第 1 步：选择**整栋布置**，点击构件大样图栏，构件编辑在区进行参数设置。

第 2 步：进行整栋布置，首先选择插入点，然后输入角度和绘制外包。

任务5 施工模拟

 能力目标

施工模拟能力目标	表 3.5-1

	1. 能输出三维漫游
施工模拟	2. 能设置机械路径
	3. 能设置构件施工模拟动画
	4. 能输出方案成果

 概念导入

1. 三维观察

三维观察是对构建好的三维场布模型进行自由旋转、剖切观察、拍照、导出 skp，也可以利用构件显示控制隐藏或者显示部分场布的构件。

2. 路径漫游

三维显示时在构建好的施工策划场布图中设置路径，绘制漫游路径，调整路径高度，进行播放，同时可以录制。

3. 施工动画

在 BIM 施工策划完成所有构件布置后，进行动画设置，我们就可以在三维视口里预览施工模拟动画，如果有不满意的地方可以点击**返回动画编辑**重新进行设置调整。

子任务清单

施工模拟子任务清单　　　　　　　　　　　　　表 3.5-2

序号	子任务项目	备注
1	三维漫游输出	
2	机械路径设置	
3	施工模拟动画设置	
4	方案成果输出	

任务分析

根据图纸、施工方案来设置三维漫游、机械行走、施工模拟动画，最后对设计成果进行输出。

5.1 三维漫游输出

1. 功能

三维漫游是指在由全景图像构建的全景空间里进行切换，达到浏览各个不同场景的目的。包括三维观察、三维编辑、自由漫游、路径漫游、航拍漫游、三维全景等。

施工模拟
总体介绍

2. 操作步骤

（1）三维观察与编辑

第 1 步：点击常用命令栏**三维显示**，选择**三维观察**或**三维编辑**（图 3.5-1）。

三维观察

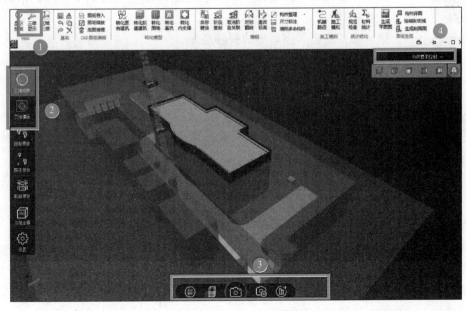

图 3.5-1　三维观察与编辑

第2步：选择下方按钮分别进行自由旋转、剖切观察、拍照、导出为 skp。

第3步：对相机进行设置，可以从不同视角进行高清渲染拍照。

第4步：选择右上角构件显示控制，显示或隐藏场布中的各种构件。

（2）路径漫游

第1步：点击常用命令栏**三维显示**，选择**路径漫游**（图 3.5-2）。

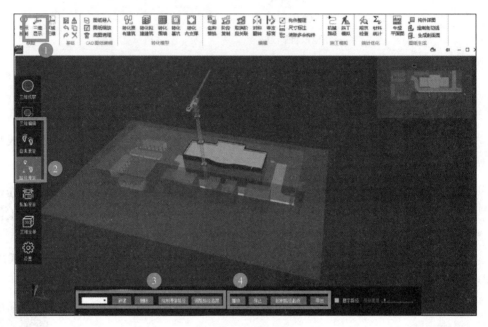

图 3.5-2　路径漫游

三维漫游输出

第2步：点击**新建**输入路径名称。

第3步：绘制漫游路径，第一点开始用鼠标左键到下一点，依次绘制，再调整路径高度。

第4步：点击**导出**，形成视频成果。

5.2　机械路径设置

机械路径设置

1. 功能

施工过程中机械构件可设置**机械路径**，施工模拟中可根据机械路径跑动。

2. 操作步骤

第1步：点击常用命令栏**机械设备**，选择要模拟的施工机械如挖机或履带吊车等，在合适的绘图区位置进行绘制。

第2步：点击常用命令栏**机械路径**，对每种机械路径进行设置，并在绘图区绘制构件路径图。

第3步：在命令栏点击**施工模拟**，进行动画编辑，点击**生成模拟动画**，确定后即可生成模拟动画。动画编辑如图 3.5-3 所示。

图 3.5-3　动画编辑

第 4 步：点击**生成**后模拟动画播放，同时进行视频录制。

5.3　施工模拟动画设置

1. 功能

通过 BIM 施工策划软件进行建筑工程施工动画模拟制作，将 BIM 技术应用到工程中，集成各项数据比例，依照实际工程而制成动画音像。BIM 工程动画可以直观地展示施工部署、施工方案、施工进度、资源管理等内容。

2. 操作步骤

（1）拟建建筑子动画

可设置拟建建筑建造动画，也可以设置拆除动画，多层工期相同的可一键设置。

拟建建筑物子动画设置

第 1 步：点击绘制好的拟建建筑，对拟建建筑参数进行设置，包括拟建建筑的标高、层数、层高、建筑类型（混凝土或装配式）等参数属性。

第 2 步：点击命令栏中**施工模拟**，点击**加载三维模型**生成三维显示。

第 3 步：点击拟建建筑**动画样式**，设置开始时间、结束时间、每层工期，保存子动画，动画样式设置如图 3.5-4 所示。

第 4 步：点击**生成模拟动画**，点击**播放**，同时录制视频。

（2）外脚手架动画

脚手架一般包括落地式的脚手架和爬架，动画包括脚手架的安装、爬升与拆除。

脚手架子动画设置

第 1 步：在布置好的场布中点击**施工模拟**，生成三维场布。

第 2 步：点击外脚手架**动画样式**，点击**子动画**，设置脚手架安装和拆除

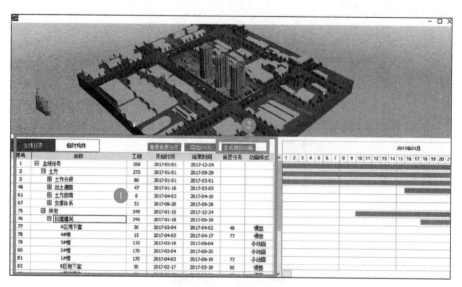

图 3.5-4　动画样式设置

的参数并保存设置，脚手架动画设置如图 3.5-5 所示。

　　第 3 步：点击**生成模拟动画**，点击**播放**，同时录制视频。

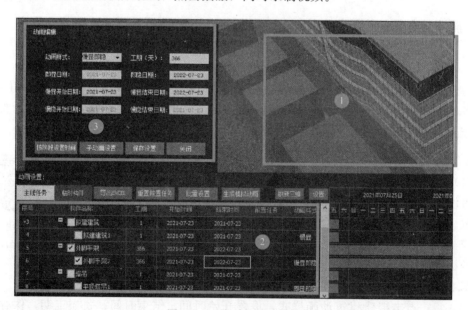

图 3.5-5　脚手架动画设置

塔吊子动画设置

（3）塔吊动画

　　塔吊设置一般包含塔吊的安装，塔吊的爬升，塔吊拆除、附墙等。

　　第 1 步：点击**塔吊布置**，选择合适塔吊类型，按照实际工程要求设置好塔吊各参数。在场布中点击**施工模拟**，生成塔吊三维场布。

　　第 2 步：在动画设置中点击塔吊**动画样式**，点击**子动画设置**，设置塔吊安装、拆除、附墙等的参数，保存设置。

第3步：点击**生成模拟动画**，点击**播放**，同时录制视频。塔吊动画如图 3.5-6 所示。

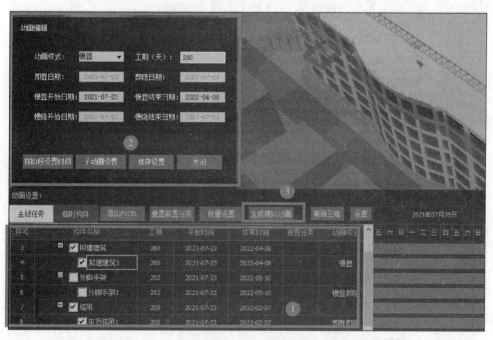

图 3.5-6 塔吊动画

5.4 方案成果输出

1. 功能

成果输出是把 BIM 施工策划设计通过生成平面图、剖面图、材料统计等方式展示出来，形成便于指导施工的成果。

方案成果输出

2. 操作步骤

（1）生成平面图

第1步：点击**生成平面图**，编辑**导出样式**和**导出构件列表**，如图 3.5-7 所示。

第2步：按列表对导出样式施工阶段、开始和结束时间进行设置。

第3步：点击**确定**，生成平面图，点击右上角关闭按钮，生成图片并保存。

在生成平面图面板中我们可以看到导出样式、导出构件列表、生成图例列表。

在导出样式中我们可以按时间段或者施工阶段来生成不同阶段的平面布置图，比如土方阶段平面布置图、地下室阶段平面布置图等。

在生成平面图的同时，我们在导出构件列表进行构件的整理，就可以导出消防平面布置图、临时用电平面布置图、临时用水平面布置图等。

在生成图例列表中勾选的构件都会在生成的平面图中同步生成相应的图例。软件默认都是勾选的，一般不建议调整。

（2）生成构件详图

第1步：为了操作人员具有临时设施施工的依据，点击**构件详图**，在绘图区选择构

图 3.5-7　生成平面图设置

件，点击右键生成构件详图。

第 2 步：点击右上角关闭按钮，生成图片并保存，见图 3.5-8。

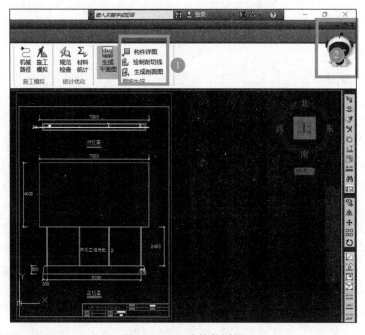

图 3.5-8　生成构件详图

（3）生成剖面图

第 1 步：先绘制剖切线，选择剖切方向，点击**生成剖面图**（土方开挖阶段才有剖面）。

第 2 步：点击右上角关闭按钮，生成图片并保存。

学习情境四 HiBIM 软件应用

学习情境四学生资源　　　　学习情境四教师资源

 概念导入

　　HiBIM 软件是基于 Revit 平台，针对中国用户使用习惯打造的 BIM 应用引擎。类 CAD 的操作方式简化了 Revit 的操作难度，并充分利用了 Revit 平台自身的三维建模精度和可扩展性，为后期模型复用提供更逼真的可视化效果，并有效地避免了重复建模，实现了"一模多用"，是 BIM 应用的入门级产品。软件的主要功能有：

　　（1）快速翻模

　　利用业内领先的 CAD 图纸识别技术，并结合使用者的操作习惯，扩展了 120 多个翻模工具，进而简化了 Revit 的操作难度，极大提升了将 CAD 图纸转换成 Revit 模型的速度和精度，翻模效率可提高 3～8 倍。

　　（2）快速出量

　　直接利用 Revit 设计模型，根据国标清单规范和全国各地定额工程量计算规则，直接在 Revit 平台上完成工程量计算分析，快速输出所需要的计算结果和统计报表，计算结果可供计价软件直接使用，同时也可以通过三维模型的扣减关系和报表中的计算式，验证计算的准确性。

　　（3）深化设计，快速出图

　　利用 BIM 模型的虚拟三维模拟，进行有针对性、可视化的技术交底，协助图纸会审、设计优化，依据施工规范快速生成施工图。

任务 1　土建出量

 能力目标

土建出量能力目标　　　　　　　　　　　　　　　　表 4.1-1

土建出量	1. 能输出土建模型
	2. 能进行构件类型映射
	3. 能输出报表

1. 构件类型映射

构件类型映射是让软件根据模型获取的构件属性数据去对应划分到算量构件类型中，对于软件没有准确识别的构件再手动去选择即可。

2. 算量楼层划分

为了统计工程量做准备工作，因为算量时会根据楼层去统计归类构件工程量，而实际建模常会多绘制几条辅助性标高线，比如最常见的室外地坪标高，因此在算量楼层划分时要将其取消勾选。

 子任务清单

土建出量子任务清单　　　　　　　　　　　　表 4.1-2

序号	子任务项目	备注（学时）
1	土建模型输出	
2	构件类型映射	
3	报表输出	

任务分析

土建出量任务包括土建模型输出、构件类型映射及报表输出。

1.1　土建模型输出

1. 功能

应用 HiBIM 软件进行土建算量及报表的输出，是在已建好的 Revit 模 土建模型输出
型基础上，需对算量构件进行楼层划分和类型映射，再输出报表，包括土建
模型输出、类型映射和报表输出等内容。

2. 操作步骤

第 1 步：点击软件右下角的**打开工程**，选择需要算量的 Revit 模型，见图 4.1-1。

第 2 步：点击软件**土建算量**模块的**算量模式**，如图 4.1-2 所示。根据项目所在地选择清单或定额模板，见图 4.1-3。

第 3 步：点击软件**通用功能**模块的**算量楼层划分**，见图 4.1-4。

第 4 步：左侧只勾选需要统计工程量的楼层标高，见图 4.1-5。

1.2　构件类型映射

第 1 步：点击软件**通用功能**模块的**构件类型映射**，见图 4.1-6。

第 2 步：在**未识别构件**模块中根据左侧 **Revit 构件**名称，双击选择右侧
算量构件分类，直至全部映射完成，见图 4.1-7。

构件类型映射

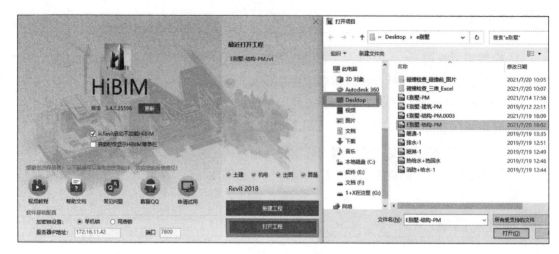

图 4.1-1　工程界面图

图 4.1-2　算量模式选择

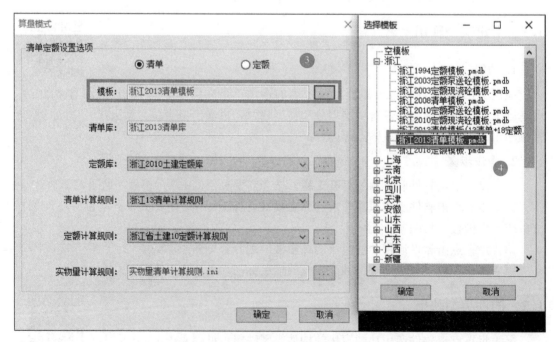

图 4.1-3　算量模式设置图

图 4.1-4　算量楼层划分

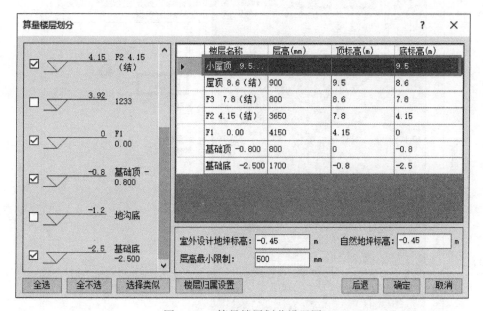

图 4.1-5　算量楼层划分设置图

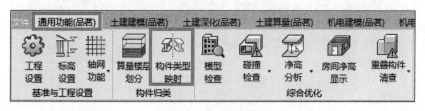

图 4.1-6　构件类型映射

第3步： 点击软件**土建算量**模块的**构件属性定义**，见图 4.1-8。

第4步： 软件会自动套取清单定额，如项目有给定外部清单模板或特殊要求，可以在构件属性定义中修改，见图 4.1-9。

1.3　报表输出

第1步： 点击软件**土建算量**模块的**全部计算**，见图 4.1-10。

第2步： 选择**清单定额量**或**实物量**，并勾选需要统计工程量的楼层及构件类型，见图 4.1-11。

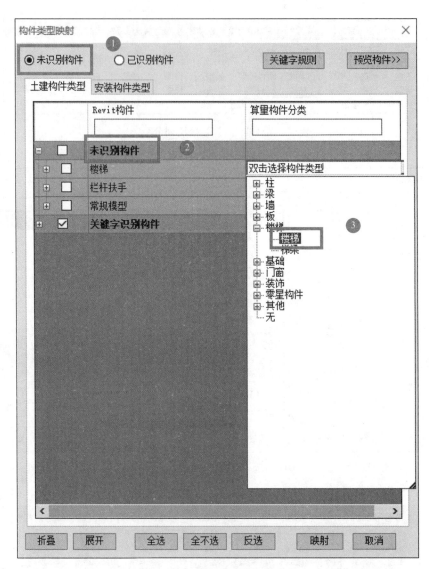

图 4.1-7　构件映射设置图

图 4.1-8　构件属性定义选项

第 3 步：点击软件**土建算量**模块的**土建报表**，见图 4.1-12。

第 4 步：根据需要选择对应报表，点击左上方**导出**即可导出 Excel 表格，见图 4.1-13。

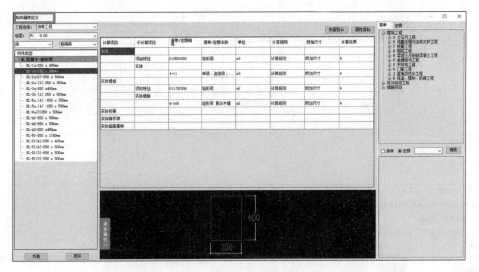

图 4.1-9　构件属性定义

图 4.1-10　工程量计算选项

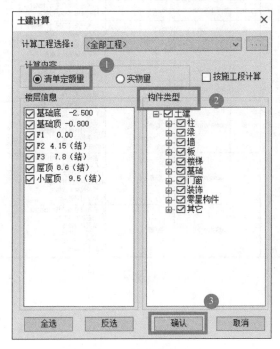

图 4.1-11　算量内容设置图

图 4.1-12　土建报表选项

图 4.1-13　报表系统图

任务 2　深化设计

能力目标

深化设计能力目标　　　　　　　　　　　表 4.2-1

深化设计	1. 能进行碰撞检查
	2. 能进行净高分析

概念导入

运用碰撞检查、净高分析、管线综合排布、虚拟漫游等 BIM 技术，第一时间发现问题并解决问题，深化设计，大幅度减少返工，避免工期延误，并对现场的施工形成有效指导，提高工作效率。

子任务清单

深化设计子任务清单　　　　　　　　　　表 4.2-2

序号	子任务项目	备注(学时)
1	碰撞检查	
2	净高分析	

任务分析

利用 HiBIM 软件进行深化设计，最基本的功能包括碰撞检查和净高分析。碰撞检查可以检查建筑与结构、结构与暖通、机电安装以及设备等不同专业图纸之间的碰撞。

2.1　碰撞检查

综合管线碰撞在工程领域中经常发生，在施工期造成严重的经济损失并使工期延误。应用 BIM 软件的碰撞检测功能，可以实现建筑与结构、结构与暖通、机电安装以及设备等不同专业图纸之间的碰撞检查，同时加快了各专业管理人员对图纸问题的解决效率。

1. 功能

利用软件，能预先发现图纸问题，及时反馈给设计单位，避免后期因图纸问题带来的停工以及返工，提高了项目管理效率，也为现场施工及总承包管理打好了基础。

碰撞检查

2. 操作步骤

第 1 步：点击软件**通用功能模块**的**碰撞检查**，见图 4.2-1。

第 2 步：通常把土建模型作为检查对象，机电模型作为碰撞对象；再根据项目要求筛选条件，碰撞方式选择**硬碰撞**，碰撞范围选择需要做碰撞检查的楼层，见图 4.2-2。硬碰撞是指实体在空间上存在交集；软碰撞是指实体间实际并没有碰撞，但间距和空间无法满足相关施工要求，如安装、维修等。

图 4.2-1 碰撞检查选项

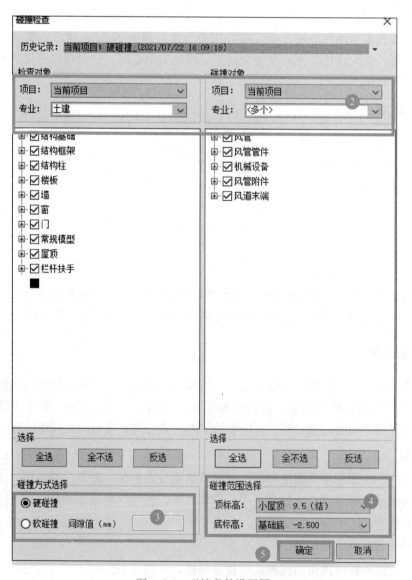

图 4.2-2 碰撞条件设置图

第3步：点击**确定**，软件自动生成碰撞检查报告，见图 4.2-3。

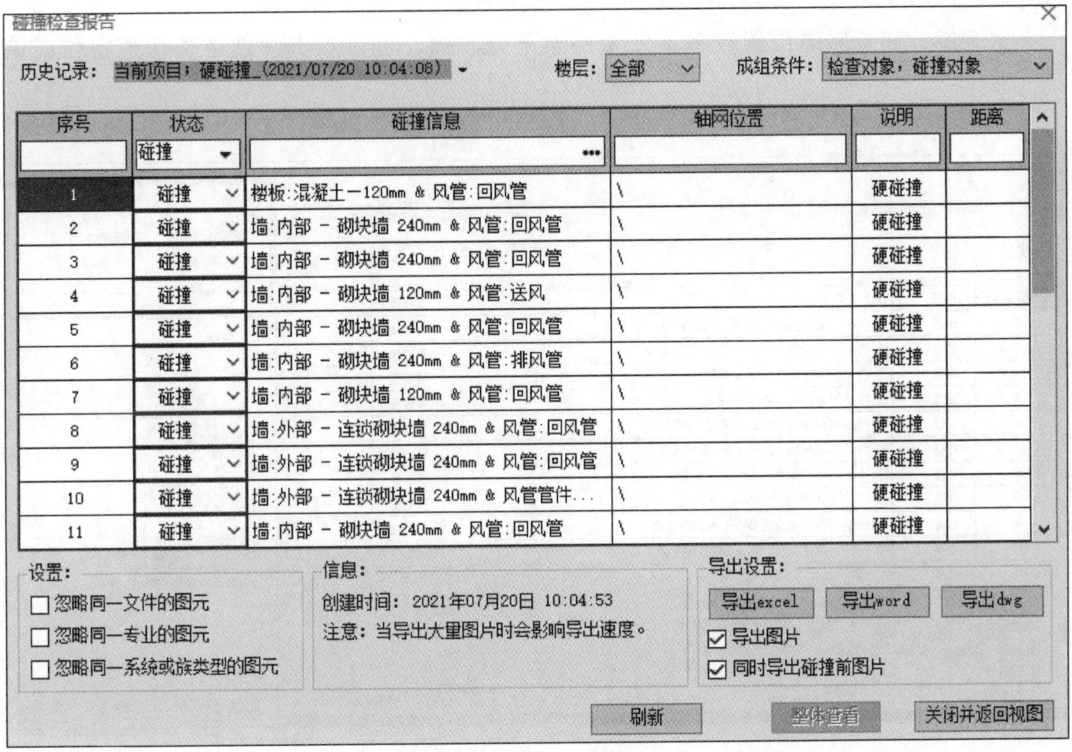

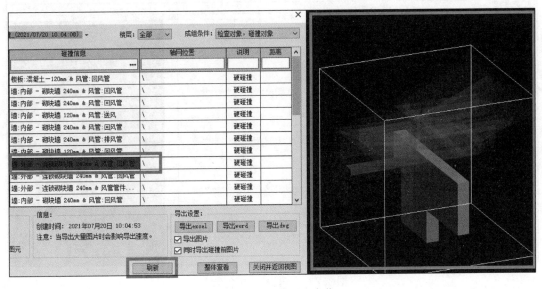

图 4.2-3　碰撞检查报告

第4步：双击表格中的构件，软件会自动反查定位到三维模型中所在位置，并支持三维及二维平面实时修改，软件默认将模型中的检查对象用绿色表示，碰撞对象用红色表示，如图 4.2-4 所示。

图 4.2-4　三维反查定位

刷新按钮可以将更改过的构件信息及时刷新；重复上述操作直至不满足净高处全部修改完成。

第 5 步：如若碰撞位置较多不便于检索某处碰撞，可以点击**筛选条件**快速定位，见图 4.2-5。

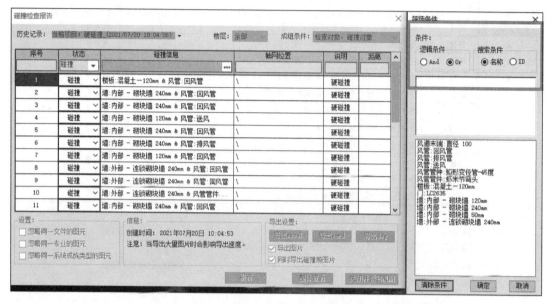

图 4.2-5　筛选定位

第 6 步：右下角可导出不同格式的碰撞检查报告，构件信息及碰撞前后对比图片清晰可见，见图 4.2-6。

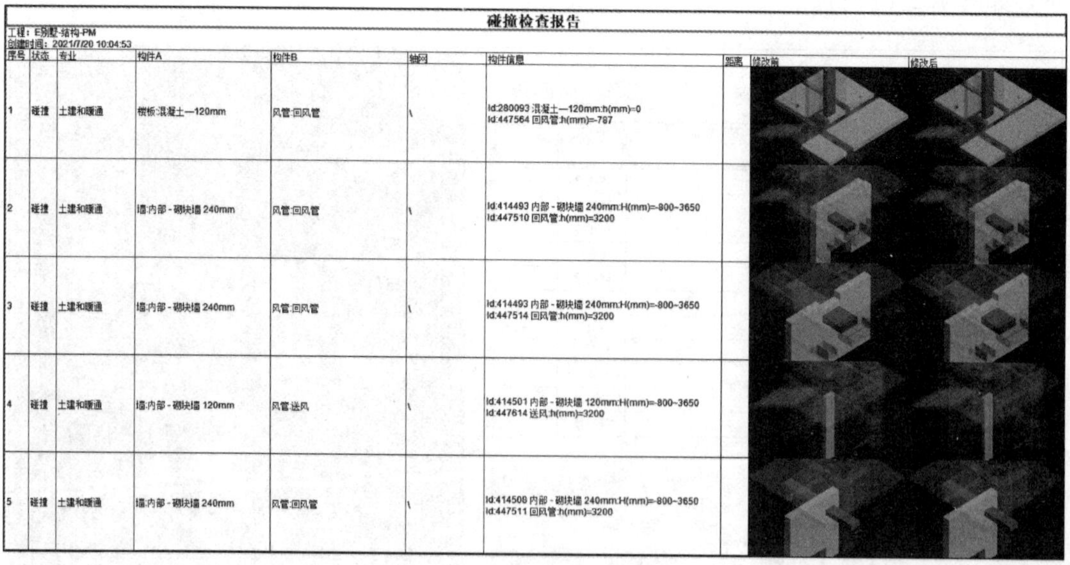

图 4.2-6　碰撞检查报告导出

2.2 净高分析

1. 功能

管线综合净高分析是指分析在管线无碰撞并满足现场安装、检修要求的情况下，管道的下表面与楼面、地面净距是否符合标准。一般是指地下室的管线综合净高分析，主要用于检测风管、桥架、水管是否低于净高设定值。

2. 操作步骤

第1步：点击软件**通用功能模块**的**净高分析**，见图4.2-7。

净高分析

第2步：本次以**按楼板检查**为例，输入需要检查的净高，并勾选需要检查的楼层，如图4.2-8所示。

图4.2-7　净高分析选项

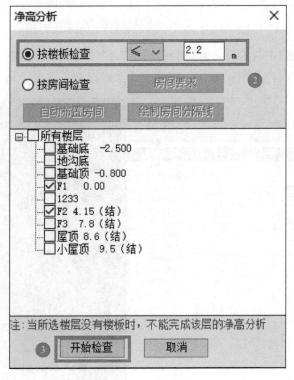

图4.2-8　筛选条件

第3步：点击**开始检查**，软件自动生成分析结果，点击左下角**导出**可以导出净高分析报告，见图4.2-9。

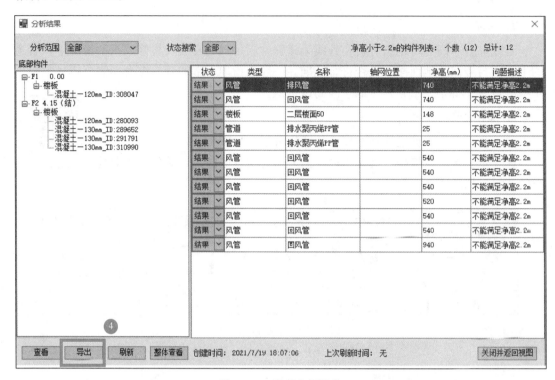

图 4.2-9 净高分析报告

第4步：双击表格中的构件，软件会自动反查定位到三维模型中所在位置，并支持三维及二维平面实时修改，见图4.2-10；重复上述操作直至不满足净高处全部修改完成。

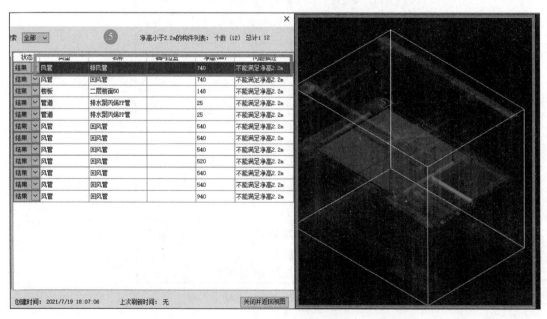

图 4.2-10 三维反查定位图

BIM 施工应用

活　页

➤ 训前练习题

➤ 能力拓展

➤ 评价反馈

➤ 能力训练评分表

中国建筑工业出版社

学习情境一 BIM 脚手架工程设计软件应用

任务 1 模型创建

1. 概念题

(1) BIM 脚手架工程设计软件工作流程由（   ）、（   ）、
（   ）、（   ）四个任务组成。

(2) BIM 脚手架工程设计软件与 AutoCAD 软件界面很相似，原因是
（   ）。

(3) 基于 CAD 开发的 BIM 脚手架工程设计软件，目前 CAD 兼容的版本是
（   ）。

2. 操作题

(1) 将 CAD 图纸的相关楼层复制到 BIM 脚手架工程设计软件的视图区。

(2) 在 Revit 软件中导出规定项目的 P-BIM 模型。

1. 单个命令操作题

(1) CAD 图纸创建模型时，工程项目楼层信息形成的最常见方式的是（   ）。

A. 识别楼层表　　　　　　　　B. 在标高设置中添加楼层信息

C. 在工程信息中添加　　　　　D. 手动添加

(2) KZ 在平法中表示（   ）。

A. 框支柱　　　　B. 暗柱　　　　C. 芯柱　　　　D. 框架柱

(3) BIM 模型可采用集成方式创建，也可采用（   ）按专业或任务创建。

A. 分步方式　　　B. 分散方式　　　C. 分离散方式　　　D. 导向方式

(4) 目前 BIM 脚手架工程软件中创建 3D 模型最常用的方式是（   ）。

A. 手动创建　　　　　　　　　B. P-BIM 模型导入

C. Revit 软件创建　　　　　　D. CAD 图纸转化

2. 编辑命令操作题

(1) 翻模转化梁时，如何编辑非统一标高梁的截面、高度？

(2) 翻模转化板时，如何编辑降板的厚度和标高？

3. 子任务操作题

(1) 完成样例模型中楼梯的创建。

(2) 完成样例的整个模型创建。

评价反馈

学习情况自评表　　　　　　　　　　　　　　　任务 1

序号	技能点	掌握与否	主要问题
1	CAD 转化建模		
2	手动建模		
3	P-BIM 导入建模		
自习笔记			

任务训练评分表　　　　　　　　　　　　　　　任务 1

序号	技能点/训练点	得分	备注
1	CAD 转化建模		60％
2	手动建模		20％
3	P-BIM 导入建模		20％

任务2 参数设置

训前练习题

1. 概念题

（1）脚手架软件中，脚手架的类型有（　　　　）和（　　　　）两大类。

（2）组成扣件式钢管脚手架的材料有（　　　　）、（　　　　）、（　　　　）、（　　　　）、（　　　　）、（　　　　）和脚手板等。

（3）扣件式脚手架工程现行技术规程是（　　　　）、（　　　　）等。盘扣式脚手架的技术规程是（　　　　）。

（4）扣件式脚手架杆件的类型有（　　　　）、（　　　　）、（　　　　）、（　　　　）、（　　　　）、（　　　　）等。

（5）根据规范，扣件式脚手架立杆的纵距一般取（　　　　）m，立杆横距一般取（　　　　）m；步距一般取（　　　　）m；连墙件的布置方式有（　　　　）等。

（6）落地式双排脚手架高度一般不超过（　　　　）m，悬挑脚手架一段高度不超过（　　　　）m。

（7）盘扣式支撑架标准步距是（　　　　）m。

2. 操作题

（1）将已知 P-BIM 模型导入建模。

（2）用给定的 CAD 图纸转化建模。

能力拓展

1. 单个命令操作题

（1）根据工程所在地点选择地面粗糙度类别，地面粗糙度可分为 A、B、C、D 四类。有密集建筑群的城市市区属于（　　　）。

A. A 类　　　　　B. B 类　　　　　C. C 类　　　　　D. D 类

（2）立杆纵距设置，脚手架纵向相邻立杆的轴线距离。软件中的"300，1500"是指（　　　）。

A. 立杆纵距的最小和最大距离　　　B. 立杆横距的最小和最大距离

C. 立杆步距的最小和最大距离　　　D. 立杆的纵距选 300 或 1500

（3）基本参数设置中"横向水平杆上纵向水平杆根数"，可能发生在（　　　）中。

A. 所有脚手架布置　　　　　　　　B. 采用竹笆脚手板的脚手架

C. 采用钢脚手板的脚手架　　　　　D. 北方工程的脚手架

（4）结构和装修共用的脚手架工程，其施工活荷载取值是（　　　）。

A. 1kN/m²　　　　B. 2kN/m²　　　　C. 3kN/m²　　　　D. 4kN/m²

（5）改变三维图的背景模式的操作，命令是（　　　）。

A. 工程设置中的工程信息　　　　　B. 工程设置中的工程特征

C. 工程设置中的楼层管理　　　　D. 工程设置中的高级设置

2. 编辑命令操作题

(1) 完成已知案例的多排悬挑主梁荷载参数设置。

(2) 完成已知案例的搁置主梁荷载参数设置。

3. 子任务操作题

(1) 完成样例扣件式脚手架参数设置。

(2) 完成样例盘扣式脚手架参数设置。

 评价反馈

序号	技能点	掌握与否	主要问题
1	设置材料参数		
2	设置构造参数		
3	设置荷载参数		
自习笔记			

序号	技能点/训练点	得分	备注
1	设置材料参数		20%
2	设置构造参数		50%
3	设置荷载参数		30%

任务 3　架体布置

1. 概念题

(1) 双排落地脚手架的限高为（　　　　）m。

(2) 脚手架的围护结构有（　　　　）、（　　　　）、（　　　　）。

(3) 剪刀撑的间距不超过（　　　　）m。

(4) 脚手架智能布设后是否需要安全复核？（　　　　）。

(5) 脚手架的布设方式有（　　　　）和（　　　　）。

2. 操作题

(1) 完成案例题的多排扣件式悬挑主梁脚手架的参数设置。

(2) 完成案例题的盘扣式脚手架的参数设置。

能力拓展

1. 单个命令操作题

(1) 智能布置脚手架时，建筑轮廓线识别后可以进行编辑，一般在（　　　）情况下需要编辑建筑轮廓线。

A. 建筑立面很简单　　　　　　　　B. 建筑立面很整齐

C. 建筑立面有较大的凹凸　　　　　D. 建筑平面很简单

(2) 编辑架体轮廓线是通过（　　　）命令实现。

A. 增加夹点　　　　　　　　　　　B. 删除夹点

C. 增加和删除夹点　　　　　　　　D. 重新绘制

(3) 某分段线脚手架，如 1LD1-11，"LD" 代表的意义是（　　　）。

A. 落地脚手架　　　　　　　　　　B. 悬挑脚手架

C. 双排脚手架　　　　　　　　　　D. 双排落地脚手架

(4) 安全复核脚手架时，高危脚手架辨识标准是：悬挑架高度为（　　　）m。

A. 15　　　　　　B. 20　　　　　　C. 30　　　　　　D. 50

(5) 连墙件布置时，连墙件的水平间距 "3"，其代表的意义是（　　　）。

A. 水平方向 3 跨　　　　　　　　　B. 步距 3 步

C. 水平方向间距 3m　　　　　　　 D. 水平方向 1.3 跨

2. 编辑命令操作题

(1) 回字形建筑，内圈脚手架如何布置？

(2) 在脚手架中间或底部预留洞口如何处理？

(3) 建筑凹进去部分外边缘如何拉齐？

(4) 悬挑型钢如何避开结构柱？

3. 子任务操作题

(1) 根据工程背景，智能布置扣件式脚手架，编辑脚手架的悬挑阳角部位的型钢。

（2）根据工程背景，智能布置盘扣式脚手架。

（3）绘制样例工程的卸料平台。

 评价反馈

学习情况自评表 　　　　　　　　　　　　　　　　　任务3

序号	技能点	掌握与否	主要问题
1	智能布置脚手架		
2	编辑架体		
3	复核脚手架的安全		
自习笔记			

任务训练评分表 　　　　　　　　　　　　　　　　　任务3

序号	技能点/训练点	得分	备注
1	智能布置脚手架		40%
2	编辑架体		50%
3	复核脚手架的安全		10%

任务 4　成果生成

训前练习题

1. 概念题

(1) 脚手架施工方案一般由（　　　）、（　　　）、（　　　）等组成。

(2) 脚手架构件中的受弯构件，进行安全复核时需要进行（　　　）和（　　　）验算。

(3) 双排架的活荷载包括（　　　）和（　　　）；施工活荷载包括（　　　）、（　　　）和材料自重等。

(4) 型钢悬挑梁宜采用（　　　）。

(5) 锚固型钢的主体结构混凝土强度等级不得低于（　　　）。

2. 操作题

(1) 完成案例的全部扣件式脚手架布置。

(2) 完成案例的全部盘扣式脚手架布置。

能力拓展

1. 单个命令操作题

(1) 施工图纸输出时，下列保存图纸正确的方式是（　　）。

A. 点击右上角的"×"，在对话框点击"保存"

B. 点击"保存"

C. 点击"图纸方案"

D. 点击"工具"

(2) 如果需要输出视频成果，通过（　　）命令实现。

A. 三维显示的"自动旋转"

B. 三维显示的"拍照"

C. 三维显示的"自由漫游"

D. 三维显示的"剖切观察"

(3) 如果需要统计脚手架工程的钢管数量，通过图纸方案中（　　）命令实现。

A. 方案书　　　　　　　　　B. 搭设参数汇总

C. 详图　　　　　　　　　　D. 材料统计反查

2. 编辑命令操作题

(1) 导出案例工程的悬挑平面施工图。

(2) 导出悬挑脚手架阳角部位的计算书。

3. 子任务操作题

录制案例工程整栋脚手架自由漫游，要求包括脚手架工程关键部位、悬挑阳角部位。

 评价反馈

学习情况自评表   任务 4

序号	技能点	掌握与否	主要问题
1	导出施工方案		
2	输出材料统计		
3	展示模拟成果		
自习笔记			

任务训练评分表   任务 4

序号	技能点/训练点	得分	备注
1	导出施工方案		20％
2	输出材料统计		20％
3	展示模拟成果		60％

学习情境二　BIM 模板工程设计软件应用

任务 1　模型创建

训前练习题

1. 概念题

（1）BIM 模板工程设计软件工作流程由（　　　　）、（　　　　）、（　　　　）和成果输出四个基本任务组成。

（2）BIM 模板工程设计软件与 AutoCAD 软件界面很相似，原因是（　　　　）。

（3）建筑楼层卫生间板的标高一般比其他部位（　　　　）。

（4）BIM 模板工程软件中标高编辑的命令有（　　　　）、（　　　　）、（　　　　）和随指定构件调高。

2. 操作题

（1）将 AutoCAD 图纸的相关楼层复制到 BIM 模板工程设计软件的视图区。

（2）在 Revit 软件中导出规定项目的 P-BIM 模型。

能力拓展

1. 单个命令操作题

（1）楼层表中的楼地面标高是指（　　　）。

A. 相对标高　　　　　　　　　　B. 绝对标高

C. 二选一　　　　　　　　　　　D. 都不是

（2）以下表示方法不符合国家建筑标准设计图集 22G101-1 的是（　　　）。

A. 梁上柱 LZ　　B. 框架柱 KZ　　C. 框支梁 KL　　D. 悬臂梁 XL

（3）以下不属于高大模板支撑系统的是（　　　）。

A. 支撑高度超过 8m　　　　　　B. 搭设跨度超过 18m

C. 施工总荷载大于 $10kN/m^2$　　D. 集中线荷载大于 $20kN/m$

（4）布置板选项中，下列不属于布置板的方式是（　　　）。

A. 方形生成　　B. 自由绘制　　C. 圆形布置　　D. 矩形生成

2. 编辑命令操作题

（1）将标高修改后的梁进行名称替换。

（2）将指定屋面板修改为斜屋面。

3. 子任务操作题

（1）根据给定办公大楼 CAD 图纸，完成样例的模型创建。

（2）根据给定办公大楼 CAD 图纸，完成样例的楼梯模型创建。

学习情况自评表 任务 1

序号	技能点	掌握与否	主要问题
1	CAD 转化建模		
2	手动建模		
3	P-BIM 导入建模		
自习笔记			

任务训练评分表 任务 1

序号	技能点/训练点	得分	备注
1	CAD 转化建模		60%
2	手动建模		20%
3	P-BIM 导入建模		20%

任务 2　参数设置

1. 概念题

（1）模板工程由（　　　　）和（　　　　）组成。

（2）承插型盘扣式支撑架的高宽比宜控制在（　　　　）以内，高宽比不满足要求的支撑架应采取与既有结构进行刚性连接等抗倾覆措施。

（3）扣件式模板工程现行技术规程是（　　　　）等。建筑施工承插型盘扣式钢管脚手架安全技术标准是（　　　　）。

（4）承插型盘扣式支撑架的标准步距是（　　　　）m。

（5）模板工程的风荷载一般取 10 年一遇，理由是（　　　　）。

（6）楼梯板建模命令是（　　　　）。

2. 操作题

将脚手架工程导出的 P-BIM 模型导入模板工程软件。

⚒ 能力拓展

1. 单个命令操作题

（1）模板计算参数的自重及施工荷载参数设置中，模板及支架自重标准值设置为 0.1，0.3，0.5。下列描述正确的是（　　　　）。

A. 面板的自重为 0.3　　　　　　　　B. 混凝土＋小梁自重为 0.5

C. 面板＋小梁＋混凝土自重为 0.5　D. 面板 0.1，面板＋小梁 0.5

（2）构造做法设置中，模板支撑架底座有（　　　）个选项。

A. 3　　　　　　B. 4　　　　　　C. 5　　　　　　D. 6

（3）构造做法的公共做法中，"斜立杆"可能设置在（　　　）部位。

A. 底层楼梯模板　　　　　　　　　B. 二层以上或无法落地支撑的边梁

C. 二层雨棚模板　　　　　　　　　D. 屋面的柱模板

（4）构架做法中，矩形柱做法设置时小梁的材质与类型有（　　　）个选项。

A. 3　　　　　　B. 5　　　　　　C. 7　　　　　　D. 9

（5）下列不属于杆件材料设置目的的是（　　　）。

A. 材料统计　　　　　　　　　　　B. 模板支撑架安全计算

C. 设置材料的设置值　　　　　　　D. 确定材料属性

2. 编辑命令操作题

（1）某框架柱截面尺寸 500mm×600mm，柱高 5m，结合工程背景设置其构造做法。

（2）某框架梁截面尺寸 300mm×1000mm，跨度 8m，结合工程背景设置其构造做法。

3. 子任务操作题

根据给定办公大楼 CAD 图纸，完成第三层的盘扣式模板参数设置。

评价反馈

学习情况自评表 任务 2

序号	技能点	掌握与否	主要问题
1	设置计算参数		
2	设置构造做法		
3	设置材料参数		
自习笔记			

任务训练评分表 任务 2

序号	技能点/训练点	得分	备注
1	设置计算参数		35％
2	设置构造做法		35％
3	设置材料参数		30％

任务3　模架布置

1. 概念题

（1）后浇带一般留设位置在（　　　　）。后浇带的宽度一般为（　　　　）mm。

（2）BIM模板工程软件中，模板布置的方式有三种，分别是（　　　　）、（　　　　）、（　　　　）。

（3）BIM模板工程软件中，配板配架的选项所在部位是（　　　　）。

（4）模板智能布设后是否需要安全复核？（　　　　）。

2. 操作题

完成办公大楼的扣件式支撑架模板参数设置。

能力拓展

1. 单个命令操作题

（1）智能布置规则中的"梁底立杆纵向间距300，900"代表的是（　　　）。

A. 立杆纵向间距300mm

B. 立杆纵向间距900mm

C. 立杆纵向间距智能布置范围是300～900mm

D. 立杆纵向间距600mm

（2）下列梁截面可能超重的是（　　　）。

A. 300mm×500mm　　　　　　　　B. 240mm×1000mm

C. 400mm×1000mm　　　　　　　　D. 600mm×1000mm

（3）智能布置中"连墙件设置"一般发生在（　　　）。

A. 框架结构

B. 剪力墙结构

C. 任意结构

D. 竖向构件已经浇筑或可以设置连墙件的情况

（4）手动布置一般不适用于（　　　）。

A. 所有构件　　　　　　　　　　　B. 局部典型构件

C. 高大支模架　　　　　　　　　　D. 重要构件

（5）柱箍的间距设置为上大下小，可以在（　　　）实现。

A. 智能布置　　　　　　　　　　　B. 手动布置

C. 参照布置　　　　　　　　　　　D. 架体优化

2. 编辑命令操作题

某框架柱截面尺寸500mm×600mm，柱高5m，设置其柱箍间距（mm）为300/500/700/700/800/1000/1000。

3. 子任务操作题

完成办公大楼楼梯的手动布置。

学习情况自评表　　　　　　　　　　　　　　　　　　　任务 3

序号	技能点	掌握与否	主要问题
1	智能布置模板支架		
2	手动布置模板支架		
3	参照布置模板支架		
4	支架编辑与搭设优化		
自习 笔记			

任务训练评分表　　　　　　　　　　　　　　　　　　　任务 3

序号	技能点/训练点	得分	备注
1	智能布置模板支架		30％
2	手动布置模板支架		20％
3	参照布置模板支架		20％
4	支架编辑与搭设优化		30％

任务4 成果生成

1. 概念题

（1）模板工程施工方案一般由（　　　　）、（　　　　）、（　　　）等组成。

（2）危险性较大分部分项工程需要编制施工方案，还需要（　　　　）。

（3）胶木模板的成品规格是（　　　　）。

（4）模板的切割方式有（　　　　）、（　　　）和（　　　）三种。

（5）模板的损耗率与（　　　　）、（　　　）等有关。

2. 操作题

（1）完成办公大楼工程的整栋楼扣件式模板布置。

（2）给办公大楼的中间部位设置一后浇带。

能力拓展

1. 单个命令操作题

（1）配模设置，模板配置表中有四张表，统计模板用量的常用表是（　　）。

A. 模板周转总量表　　　　　　　　B. 本层模板总量表

C. 配模详细列表　　　　　　　　　D. 配模切割列表

（2）输出剖面图时，剖切深度一般取（　　）mm。

A. 500　　　　　　B. 800　　　　　　C. 1000　　　　　　D. 2000

（3）模板工程的施工图中，不属于模板平面图的是（　　　　）。

A. 搭设参数图　　　　　　　　　　B. 模板配板图

C. 墙柱平面图　　　　　　　　　　D. 立杆平面

（4）模板工程软件中，不属于施工段形成的方式是（　　）。

A. 自由布置　　　　　　　　　　　B. 按后浇带生成

C. 矩形布置　　　　　　　　　　　D. 直线分割

（5）模板工程软件的配模设置中，一般工程中模板损耗率比较合理的是（　　）。

A. 1%～2%　　　　　　　　　　　B. 1%～3%

C. 2%～10%　　　　　　　　　　　D. 3%～5%

2. 编辑命令操作题

（1）导出办公大楼工程的高大支模架的剖面图。

（2）输出办公大楼工程底层的模板配置图和材料统计表。

3. 子任务操作题

（1）录制办公大楼工程整栋模板工程自由漫游。

（2）导出办公大楼中超高超重模架的计算书。

 评价反馈

学习情况自评表 任务 4

序号	技能点	掌握与否	主要问题
1	配模配置、输出模板配置成果		
2	模架配置、输出模架配置成果		
3	导出施工方案		
4	展示模拟成果		
自习笔记			

任务训练评分表 任务 4

序号	技能点/训练点	得分	备注
1	配模配置、输出模板配置成果		30％
2	模架配置、输出模架配置成果		30％
3	导出施工方案		20％
4	展示模拟成果		20％

学习情境三 BIM 施工策划软件应用

任务 1 工程向导设置

训前练习题

1. 概念题

（1）BIM 施工策划软件应用软件工作流程由（　　　　　）、（　　　　　）、（　　　　　）、（　　　　　）和（　　　　　）五个任务组成。

（2）BIM 施工策划软件应用软件与 CAD 软件界面很相似，原因是（　　　　　）。

（3）基于 CAD 开发的 BIM 施工策划软件应用软件，目前 CAD 兼容的版本是（　　　　　）。

（4）从背景资料中提取工程信息，建筑物层数、高度和建筑面积。

（5）阅读施工现场总平图，说出材料堆场布置的依据。

2. 操作题

将 CAD 图纸复制到 BIM 施工策划软件的视图区。

能力拓展

1. 单个命令操作题

（1）（　　　）内有选中构件的各项公有属性，这里的属性修改了所有同名的构件都会一起进行修改。除了尺寸、标高等参数外，构件所有可以修改的材质和颜色都可以在这里进行修改。

A. 构件大样图栏　　　　　　　　B. 构件列表

C. 构件属性栏　　　　　　　　　D. 构件布置栏

（2）（　　　）操作命令是转化选择的封闭 CAD 线圈或者图块为拟建建筑（同时转化多个建筑时各建筑在构件列表内为同一个构件）。

A. 转化围墙　　　　　　　　　　B. 转化基坑开挖

C. 转化内支撑梁　　　　　　　　D. 转化拟建建筑

（3）施工平面图是对拟建工程施工现场所作的（　　　）的规划。

A. 平面　　　　　　　　　　　　B. 空间

C. 临时设施　　　　　　　　　　D. 平面和空间

2. 编辑命令操作题

（1）在 BIM 施工策划软件中，完成指定项目的工程设置。

（2）在 BIM 施工策划软件中，完成指定项目的显示设置。

3. 子任务操作题

（1）完成指定项目的构件参数设置。

（2）完成指定项目的楼层阶段管理。

 评价反馈

学习情况自评表 　　　　　　　　　　　　　　　　　任务 1

序号	技能点	掌握与否	主要问题
1	设置工程概况		
2	设置楼层阶段管理		
3	设置工程信息		
4	设置构件参数模板		
自习笔记			

教师评价表 　　　　　　　　　　　　　　　　　任务 1

序号	技能点/训练点	得分	备注
1	设置工程概况		25％
2	设置楼层阶段管理		25％
3	设置工程信息		25％
4	设置构件参数模板		25％

任务 2　CAD 转化

1. 概念题

（1）利用 BIM 施工策划软件导入 CAD 图纸，对 CAD 图纸中的（　　　　）、（　　　　）、（　　　　）、（　　　　）进行转化的编辑。

（2）利用 BIM 三维施工策划新建工程后，可以把施工现场总平面图（　　　　），通过复制（　　　　）和粘贴（　　　　）导入软件中。

（3）在常用命令栏，点击（　　　　）命令，选择绘图区的建筑的线条，快速把（　　　　）和封闭线条转化成建筑，转化后对原有/拟建建筑物属性进行编辑。

2. 操作题

（1）在 BIM 施工策划软件左侧"构件布置栏"中找到围墙、大门、原有建筑等图例。

（2）将指定项目的施工现场总平面图 CAD 图纸复制到软件。

能力拓展

1. 单个命令操作题

（1）利用 BIM 三维施工策划新建工程后，我们就可以把（　　）通过复制和粘贴导入软件中。

A. 立面图　　　　　　　　　　B. 剖面图

C. 施工现场总平面图　　　　　D. 进度计划图

（2）在（　　），点击原有/拟建建筑物转化原有/拟建建筑物命令，选择绘图区的建筑的线条，快速把 CAD 图块和封闭线条转化成建筑。

A. 常用命令栏　　　　　　　　B. 菜单栏

C. 属性区　　　　　　　　　　D. 构件区

（3）施工平面图设计中临时设施的布置，既要方便生产和生活，又要便于施工管理。此句话正确吗？（　　）。

A. 正确　　　　　　　　　　　B. 错误

C. 只方便生活　　　　　　　　D. 只方便生产

2. 编辑命令操作题

（1）完成指定项目的拟建建筑转化。

（2）将围墙设置为围栏式围墙。

3. 子任务操作题

（1）完成指定工程的基坑转化等。

（2）绘制指定工程的基坑钢筋混凝土支撑梁。

学习情况自评表 任务 2

序号	技能点	掌握与否	主要问题
1	转化 CAD 图纸		
2	转化原有/拟建建筑物		
3	转化围墙		
4	转化基坑、支撑梁		
自习笔记			

任务训练评分表 任务 2

序号	技能点/训练点	得分	备注
1	转化 CAD 图纸		30%
2	转化原有/拟建建筑物		20%
3	转化围墙		20%
4	转化基坑、支撑梁		30%

任务3 构件布置编辑

1. 概念题

（1）BIM 施工策划软件应用软件构件布置主要是根据图纸和方案来完成（　　　　）、（　　　　）、（　　　　）、生产区设施布置、脚手架编辑、安全文明施工设施的布置。

（2）BIM 施工策划软件应用软件设置拟建建筑属性，包括（　　　　）、（　　　　）、（　　　　）、结构形式等。

（3）BIM 施工策划软件应用软件中施工现场（　　　　）可以作为办公室、工人宿舍、食堂、浴室、厕所、门卫、仓库等临时设施。

2. 操作题

（1）查找"砌筑围墙"的操作命令。

（2）查找材料堆场中"钢筋半成品堆场"命令。

能力拓展

1. 单个命令操作题

（1）对于转化后的拟建建筑，双击（　　）中拟建建筑，在三维模式下完成拟建建筑的构件编辑。

A. 菜单栏　　　　　　　　　　B. 构件大样图栏

C. 构件区　　　　　　　　　　D. 属性区

（2）生产区设施布置时，生产区包括加工区、（　　）、机械设备、仓库、安全防护等设施。

A. 会议室　　　B. 浴室　　　C. 食堂　　　D. 材料堆场区

（3）（　　）构件包含安全防护、消防设施、绿色文明、临电设施、安全体验区，在进行三维施工策划时根据实际工程需要来布置。

A. 围墙　　　B. 塔吊　　　C. 安全文明设施　D. 道路

（4）（　　）的构件，指定第一个点，根据命令提示行绘制后续的各点，直到完成布置。

A. 点选布置　　　　　　　　　B. 线选布置

C. 面选布置　　　　　　　　　D. 私有属性编辑

（5）建、构筑物：包括活动板房、集装箱板房、拟建建筑、道路、（　　）、大门等建构筑物。

A. 围墙　　　　　　　　　　　B. 石子堆场

C. 脚手架　　　　　　　　　　D. 配电箱

2. 编辑命令操作题

（1）点击左侧构件活动板房，在绘图区选择合理的位置布置施工办公室。

（2）在绘图区布置从大门口到拟建建筑的一条 8m 宽的道路。

3. 子任务操作题

（1）在 BIM 施工策划软件中点击外脚手架构件中自动生产脚手架，设置成从 3 层起步到 10 层的外脚手架构件图。

（2）依据指定项目的现场施工总平图布置生产区设施。

 评价反馈

学习情况自评表　　　　　　　　　　　　　　　　　　　　　　任务 3

序号	技能点	掌握与否	主要问题
1	布置建、构筑物		
2	布置生产区设施		
3	布置生活设施		
4	编辑脚手架、布置安全文明施工设施		
自习笔记			

任务训练评分表　　　　　　　　　　　　　　　　　　　　　　任务 3

序号	技能点/训练点	得分	备注
1	布置建、构筑物		25%
2	布置生产区设施		25%
3	布置生活设施		25%
4	编辑脚手架、布置安全文明施工设施		25%

任务 4 　装配式布置

训前练习题

1. 概念题

（1）根据装配式工程 CAD 图纸，绘制轴网形成二维轴网线框，再设置（　　　　）、（　　　　）等尺寸参数，形成装配式轴网。

（2）BIM 施工策划软件应用中装配式构件包含装配式（　　　　）、（　　　　）、（　　　　）、（　　　　）、（　　　　）、阳台，布置时一般按照受力顺序先后来进行构件布置。

（3）装配式组装包括（　　　　）、（　　　　）、（　　　　）等操作过程。

2. 操作题

（1）在构件区点击软件构件装配式，选择轴网布置构件，布置开间和进深均为 9m，形成纵向 8 跨、横向 2 跨的装配式轴网。

（2）在构件区点击装配式构件，选择装配式柱，在构件属性区对装配式柱的长度、宽度、高度、重量等属性参数进行设置。

能力拓展

1. 单个命令操作题

（1）绘制轴网形成二维轴网线框，设置轴网进深、（　　　）等尺寸参数。

A. 面积　　　　　　　　　　　　B. 高度

C. 开间　　　　　　　　　　　　D. 垂直度

（2）装配式构件包含装配式柱、装配式墙、装配式梁、装配式楼梯、叠合楼板、装配式阳台，布置时按照（　　　）先后来布置构件。

A. 面积大小　　　　　　　　　　B. 受力顺序

C. 价格高低　　　　　　　　　　D. 进场顺序

（3）装配式组装包括生成楼层、（　　　）、整栋布置等操作过程。

A. 优化布置　　　　　　　　　　B. 立面布置

C. 轴线布置　　　　　　　　　　D. 楼层布置

2. 编辑命令操作题

通过老师给定的图纸进行 BIM 策划软件轴网布置的命令操作。

3. 子任务操作题

创建 BIM 施工策划，完成指定工程的 BIM 场布设计（包含项目轴网布置、装配式构件布置、楼层组装等）。

序号	技能点	掌握与否	主要问题
1	布置轴网		
2	布置装配式构件		
3	装配式组装		
自习笔记			

序号	技能点/训练点	得分	备注
1	布置轴网		30%
2	布置装配式构件		40%
3	装配式组装		30%

任务 5　施工模拟

1. 概念题

（1）三维观察是对构建好的三维场布模型进行（　　　　　）、（　　　　　）、（　　　　　）、（　　　　　），也可以利用构件显示控制隐藏或者显示部分场布的构件。

（2）脚手架一般有落地式的脚手架、爬架，包括脚手架的安装、爬升与拆除。在布置好的场布点击中点击施工模拟，生成三维场布，动画设置→（　　　　　）→（　　　　　）→设置脚手架安装和拆除的参数→保存设置。

（3）BIM 施工策划软件中成果输出是把 BIM 施工策划设计通过（　　　　　）、（　　　　　）、（　　　　　）等方式展示出来，形成便于指导施工的成果。

2. 操作题

（1）关联拟建建筑的施工进度。

（2）设置脚手架安装和拆除施工参数。

能力拓展

1. 概念选择题

（1）施工平面图设计，（　　）的布置是施工现场全局的中心环节，必须首先予以考虑。

　A. 施工道路　　　　　　　　　B. 砂浆和混凝土搅拌站

　C. 起重垂直运输机械设备　　　D. 仓库和加工棚

（2）三维显示后点击（　　）按钮，该界面主要功能为可动态观察所有的构件，另外该界面内可以进行自由旋转、剖切观察、拍照、相机设置、导出为 SKP。

　A. 自由漫游　　　　　　　　　B. 三维观察

　C. 三维编辑　　　　　　　　　D. 路径漫游

（3）点击（　　），编辑导出样式和导出构件列表。

　A. 生成平面图　　　　　　　　B. 生成构件详图

　C. 生成剖面图　　　　　　　　D. 生成动画

2. 编辑命令操作题

（1）按照实际工程要求设置好塔式起重机（塔吊）各参数，生成塔式起重机（塔吊）三维布置。

（2）设置基础阶段运土车路径。

3. 子任务操作题

（1）根据施工进度计划，输出施工模拟动画。

（2）完成拟建建筑施工模拟操作，同时录制视频。

学习情况自评表　　　　　　　　　　　　　　　　　　　任务5

序号	技能点	掌握与否	主要问题
1	输出三维漫游		
2	设置机械布置路径		
3	设置施工模拟动画		
4	输出方案成果		
自习笔记			

任务训练评分表　　　　　　　　　　　　　　　　　　　任务5

序号	技能点/训练点	得分	备注
1	输出三维漫游		20％
2	设置机械布置路径		20％
3	设置施工模拟动画		40％
4	输出方案成果		20％

学习情境四 HiBIM 软件应用

任务 1 土建出量

训前练习题

1. 概念题

(1) 土建模型输出时需要打开（　　　　　）软件。

(2) 全国工程量清单的最新版本是（　　　　　）。

(3) 土建出量包含（　　　　）、（　　　　）和（　　　　）。

2. 操作题

(1) 查找"构件类型映射"的操作命令。

(2) 查找"楼层划分"的操作命令。

能力拓展

1. 单个命令操作题

算量楼层划分是属于（　　）子功能。

A. 通用功能　　　　　　　　　B. 土建建模

C. 土建深化　　　　　　　　　D. 土建算量

2. 编辑命令操作题

构件类型映射出现未识别构件时，如何进行映射。

3. 子任务操作题

(1) 完成样例的构件类型映射。

(2) 完成样例报表输出。

评价反馈

学习情况自评表　　　　　　　　　　　　　　　　　　　任务 1

序号	技能点	掌握与否	主要问题
1	输出土建模型		
2	映射构件类型		
3	输出报表		
自习笔记			

序号	技能点/训练点	得分	备注
1	输出土建模型		30%
2	映射构件类型		30%
3	输出报表		40%

任务 2　深化设计

1. 概念题

碰撞检查时，通常把（　　　　）作为检查对象，（　　　　　）作为碰撞对象。

2. 操作题

(1) 查找"碰撞检查"的操作命令。

(2) 查找"净高分析"的操作命令。

能力拓展

1. 概念选择题

(1) 下面不属于施工图预算 BIM 应用交付成果的是（　　）。

A. 施工图预算模型　　　　　　　B. 招标预算工程量清单

C. 进度计划表　　　　　　　　　D. 招投标预算工程量清单报价单

(2) 下列不属于 BIM 施工准备阶段应用的是（　　）。

A. 施工图设计　　　　　　　　　B. 碰撞检查

C. 施工段划分　　　　　　　　　D. 净高检查

(3) 管线综合净高分析是指分析在管线无碰撞并满足现场安装、检修要求的情况下，管道的下表面与（　　）是否符合标准。

A. 楼面层高　　　　　　　　　　B. 地面层高

C. 楼地面净高　　　　　　　　　D. 水管高度

2. 编辑命令操作题

(1) 将 Revit 软件中的模型导入 HiBIM 软件。

(2) 修改样例中不满足要求的风管净高。

3. 子任务操作题

输出样例完整的净高分析表。

评价反馈

学习情况自评表 任务 2

序号	技能点	掌握与否	主要问题
1	碰撞检查		
2	净高分析		
自习笔记			

序号	技能点/训练点	得分	备注
1	碰撞检查		50%
2	净高分析		50%

本课程能力训练评分表

序号	学习情境	得分	备注
1	BIM 脚手架工程设计软件应用		30%
2	BIM 模板工程设计软件应用		30%
3	BIM 施工策划软件应用		35%
4	HiBIM 软件应用		5%
合计